Günter Weick ▪ Susanne Wagner

Management by E-Mail

Führen Sie Ihre Mitarbeiter noch effizienter
Erreichen Sie Ihre Ziele schneller
Sparen Sie Zeit

Beruf & Karriere exakt

STARK

Umschlagbild: © Heide Benser/Corbis

ISBN 978-3-86668-566-6

Inhalt

Weshalb ein E-Mail-Buch für Manager?

„Je mehr wir kommunizieren desto weniger scheint sich zu bewegen!“

Noch niemals zuvor verfügten Führungskräfte über derart mächtige Kommunikationswerkzeuge wie heute. Gleichgültig wo wir uns aufhalten, ständig sind wir per Mobiltelefon und E-Mail mit dem Unternehmen verbunden.

Vor allem E-Mail veränderte unsere Arbeit als Manager nachhaltig. Keiner unserer Vorgänger sichtete, geschweige denn tippte seine Post selbst. Heute bearbeiten Manager aller Hierarchieebenen ihre E-Mails mit der größten Selbstverständlichkeit persönlich – sie tun es zudem häufig noch rund um die Uhr, auf Reisen, während der Freizeit, an Wochenenden und sogar im Urlaub. Führungskräfte investierten wohl noch niemals so viel Zeit in die eigenhändige Bedienung eines komplexen Kommunikationswerkzeugs wie in die Bedienung von E-Mail.

Trotz der schnellen E-Mail-Kommunikation und trotz des immensen persönlichen Einsatzes der Manager stiegen die Schlagkraft und die Reaktionsgeschwindigkeit der Organisationen nicht so an, wie man es erwarten könnte. Im Gegenteil. Insgesamt scheinen unsere Unternehmen eher schwächer und langsamer zu werden.

Nach vielen Projekten zur E-Mail-Effizienz haben wir für das Schwächeln eine Erklärung gefunden, die uns selbst sehr überrascht hat: Unternehmen werden deshalb schwach und langsam, weil sie E-Mail falsch nutzen. Das erschien uns zunächst vollkommen widersinnig. Doch die Erfahrung zeigt, dass E-Mail inzwischen praktisch allen Unternehmen mehr schadet als nützt.

Für die schädliche Nutzung von E-Mail sind nahezu ausschließlich die Führungskräfte verantwortlich. Sie ließen während der vergangenen zehn Jahre durch Untätigkeit zu, dass E-Mail sich jeder Prozessoptimierung entzog.

Schlimmer noch: Führungskräfte lebten ihren Mitarbeitern jahrelang einen falschen Umgang mit E-Mail vor und ermutigten sie dadurch, ihr Kommunikationsverhalten in eine falsche Richtung zu entwickeln.

Der Grund für das Totalversagen ist, dass Führungskräfte E-Mail als trivial einstuften. Sie glaubten, es reiche aus, dem natürlichen Kommunikationsinstinkt zu folgen. So hilfreich dieser Instinkt bislang war – in einer Welt extrem wachsender digitaler Kommunikation ist er vollkommen inadäquat. Vergleichbar ist das mit dem Instinkt des Igels, sich bei Herannahen einer Gefahr zusammenzurollen. So gut dieser Instinkt über Jahrtausende funktioniert hat, in einer Welt mit vielen Straßen und intensivem Autoverkehr ist er allzu oft tödlich.

Durch den „natürlichen Umgang mit E-Mail" haben sich zahllose Führungskräfte (und deren Mitarbeiter) in einen sich immer schneller drehenden Kommunikationsstrudel begeben. Heute stecken viele Manager schon derart tief in diesem Strudel, dass sie einen Großteil ihrer Energie allein darauf verwenden müssen, in der E-Mail-Flut nicht unterzugehen.

Viele erkennen inzwischen ihre Situation, der Großteil der Manager sieht das Problem aber noch nicht. Sie e-mailen aus Leibeskräften und in allen Lebenslagen – und verlieren dabei zunehmend zentrale Managementaufgaben aus den Augen.

Um es drastisch zu formulieren: Indem Manager e-mailen (statt zu managen) und indem sie zulassen, dass ihre Mitarbeiter e-mailen (statt ihre Ziele zu erreichen), verringern sie die Wettbewerbsfähigkeit ihrer Unternehmen.

Wir wollen Manager nicht diskreditieren. Niemand weiß besser als wir, wie hart sie arbeiten, um der E-Mail-Flut einigermaßen Herr zu werden – und wie häufig sogar das Privatleben darunter leidet.

Unsere Botschaft lautet: Es ist nicht nötig! Es ist nicht nötig, sich an E-Mail aufzuarbeiten! Man kann als Führungskraft E-Mail so nutzen, dass Schlagkraft und Reaktionsgeschwindigkeit des Unternehmens zunehmen und gleichzeitig die persönliche Belastung drastisch sinkt.

In diesem Buch beschreiben wir, wie dies geht. Wir haben diese Methode nicht erfunden. Wir haben vielmehr besonders erfolgreiche Manager beobachtet. Dabei konzentrierten wir uns auf jene Führungskräfte, die nicht nur überdurchschnittlich erfolgreich sind, sondern bei denen wir auch immer das Gefühl hatten, dass sie jederzeit noch problemlos einen Zahn zulegen könnten.

Zu unserer Überraschung stellten wir fest, dass fast alle der von uns beobachteten Manager ähnlich mit E-Mail umgehen. Wir suchten die Ursachen, arbeiteten Gemeinsamkeiten heraus und führten das Ganze zu einem Idealbild zusammen.

Wir wussten nicht, ob auch andere Manager diese Verhaltensweisen erlernen und erfolgreich einsetzen können. Deshalb haben wir es bei unseren Kunden getestet. Das Ergebnis: Jeder Manager, der E-Mail als Führungsaufgabe versteht und der die entsprechenden Schritte unternimmt, kann seinen eigenen Arbeitsalltag und den seiner Mitarbeiter nachhaltig verbessern.

Der „Management by E-Mail"-Manager

In diesem Buch bezeichnen wir jene Führungskräfte, die wir als Rollenmodelle für effektives und effizientes Mailen betrachten, als MbE-Manager[1]. Dabei steht MbE für „Management by E-Mail".

Wir möchten „Management by E-Mail" nicht zu einer Heilslehre hochstilisieren. Das ist sie nicht. Die Bezeichnungen „MbE" und „MbE-Manager" erleichtern uns lediglich den Verweis auf die vorbildhaften Führungskräfte und ihr spezifisches E-Mail-Verhalten.

Der MbE-Manager ist ein Idealtypus. Nur wenige unserer Vorbilder zeigen wirklich alle in diesem Buch geschilderten Verhaltensweisen, die meisten aber werden von ihnen erfüllt.

Um eines von vornherein klarzustellen: Man muss die MbE-Prinzipien nicht anwenden, um als Manager erfolgreich zu sein. Viele negative Effekte aus einem falschen E-Mail-Gebrauch lassen sich durch überdurchschnittlich hohen Arbeitseinsatz kompensieren. Dieser extrem hohe Arbeitseinsatz kann sogar kurzfristig karrierefördernd sein. Nämlich dann, wenn die Geschäftsleitung die „Rotationsgeschwindigkeit" eines Managers über seinen „Wirkungsgrad" setzt. Es fragt sich nur, ob ein Manager eine ungesund hohe „Rotationsgeschwindigkeit" über Jahrzehnte ohne Verschleißerscheinungen durchhält. Oder ob er nicht doch (im Berufs- und im Privatleben) gegenüber jenen Managern zurückfällt, die ihre Ziele erreichen, ohne ständig über Gebühr ihre Kräfte beanspruchen zu müssen.

1 MbE-Manager sind Führungskräfte aus unterschiedlichsten Hierarchieebenen, die nicht nur überdurchschnittlich erfolgreich sind, sondern auch so wirken, als könnten sie jederzeit problemlos noch einen Zahn zulegen.

Was MbE-Manager anders machen

Eine MbE-Führungskraft unterscheidet sich hinsichtlich ihrer E-Mail-Praxis folgendermaßen von ihren Kollegen:

- Sie erhält und schreibt eher weniger E-Mails.
- Ihr E-Mail-Aufkommen ist anders strukturiert.
- Sie lässt sich gezielt helfen.
- Sie nutzt bestimmte Arbeitstechniken.
- Sie verfolgt bestimmte Führungsprinzipien.
- Sie beeinflusst ihre Kommunikationspartner stärker.
- Ihre Mitarbeiter spiegeln ihre Techniken.

In diesem Buch werden Sie lernen, wie dies im Detail aussieht.

In diesem Buch **nicht** enthalten sind allgemeine Ratschläge zur E-Mail-Gestaltung, zu Netiquette, zu allgemeinen Arbeitstechniken etc. Diese werden nur am Rande behandelt. Wir verweisen auf die hierzu erschienene Literatur – unter anderem auf unser eigenes Buch „Wenn E-Mails nerven“[2] – sowie auf unser computerbasiertes Training und unser Seminarangebot[3].

2 Günter Weick / Wolfgang Schur: Wenn E-Mails nerven, Stark Verlag

3 Details siehe www.softrust.com

Welche Vorteile Sie erwarten

MbE-Coachee:
„Früher war ich ein managender E-Mailer. Jetzt ein mailender Manager. Der Unterschied ist frappierend."

Führungskräfte, die sich auf die in diesem Buch gemachten Vorschläge einließen, berichteten innerhalb kurzer Zeit von folgenden Effekten:

- Bessere Ergebnisse
- Höhere Motivation
- Höhere Effizienz
- Bessere Qualität
- Mehr Zeit für Kernaufgaben
- Weniger Stress
- Mehr Spaß
- Höhere Arbeitszufriedenheit
- Besseres Arbeitsklima
- Mehr Privatleben

Diese Effekte traten sowohl bei den Managern selbst auf, als auch bei den von ihnen geführten Mitarbeitern. Ein Mitarbeiter drückte es einmal so aus: „Obwohl ich früher praktisch ständig online war, hatte ich immer das Gefühl, etwas Wichtiges zu versäumen. Seit mein Chef die neue E-Mail-Kultur lebt, bin ich nicht nur wesentlich entspannter und zufriedener, sondern schaffe auch deutlich mehr."

Manager können sich aus der *Management by E-Mail*-Methode bessere Karrierechancen erwarten. Auch wenn dies nicht das primäre Ziel von MbE ist, so ist doch klar: Wer gute Ergebnisse erzielt, zufriedene Mitarbeiter hat, souverän und entspannt wirkt und zudem noch über genügend Energiereserven verfügt, ist bei der Bewerbung um Stellen langfristig deutlich im Vorteil.

Was Sie mitbringen sollten

Seien Sie offen

Um in den Genuss der Vorteile zu kommen, müssen Sie Ihre bisherige Einstellung zu E-Mail auf den Prüfstand stellen und wahrscheinlich auch Neues ausprobieren.

Das hört sich einfach an, doch als Manager wissen Sie, wie schwer sich Mitarbeiter mit Veränderungen tun. Natürlich sind wir Führungskräfte diesbezüglich keine Ausnahmen. Auch Sie werden sich bei der Lektüre wahrscheinlich öfter bei folgendem Gedanken erwischen: „Das mag alles richtig sein, aber bei *mir* geht das nicht. Zumindest nicht *so*."

Vielleicht stimmt das ja. Doch erst wenn Sie eine andere Vorgehensweise probiert haben, werden Sie mit Sicherheit wissen, ob Ihre bisherige E-Mail-Praxis wirklich so unvermeidbar ist, wie Sie jetzt denken.

Geben Sie sich die Chance! Versuchen Sie es! Was können Sie schon verlieren? Im schlimmsten Fall müssen Sie zu Ihrer bisherigen Praxis zurückkehren.

Die Hauptgründe, weshalb es angeblich nicht möglich sein soll, den Umgang mit E-Mail zu ändern

- Internationale Teams: „Wir arbeiten global über Zeitzonen hinweg!"
- Zwang zur schnellen Reaktion: „Schnelligkeit ist in unserem Geschäft überlebenswichtig!"
- Dünne Personaldecke: „Jede Funktion ist nur einfach besetzt! Jeder muss deshalb ständig verfügbar sein."
- Unternehmenskultur: „Das passt nicht zu uns!"
- Mitarbeiter: „Mein eigener Manager lässt das nicht zu!"
- Vorgesetzter: „Mit meinen Mitarbeitern kann ich das nicht machen!"

Investieren Sie Energie

Gute Vorsätze allein reichen bekanntlich nicht aus. Sie müssen durch Handlungen, Energie und Ausdauer gestützt werden.

Deshalb empfehlen wir Ihnen, *Management by E-Mail* für mindestens sechs Monate zu Ihrem persönlichen Hauptprojekt zu machen. Es lohnt sich und es ist nicht schwierig.

Fragen Sie sich einfach jeden Abend: „Was habe ich heute getan, damit E-Mail in meinem Verantwortungsbereich professionell genutzt wird? Welchen Tipp habe ich aktiv umgesetzt?"

Nach einem halben Jahr können Sie Ihre Aufmerksamkeit etwas zurückfahren. Vieles wird nach dieser Zeit bereits zur Gewohnheit geworden sein. Doch ganz dürfen Sie nie nachlassen. Warum, erfahren Sie im nächsten Abschnitt.

Was von Ihnen gefordert wird

E-Mail ist ein extrem mächtiges Werkzeug. Deshalb hat es auch eine zentrale Rolle in unserem Arbeitstag eingenommen.

Allerdings hat E-Mail eine unschöne Eigenschaft: Es verhält sich wie Unkraut. Das bedeutet: Das Werkzeug E-Mail hat die Tendenz, stets mehr Raum zu beanspruchen, als wir ihm eigentlich zugestehen möchten.[4] Genau in diese Falle sind die meisten Manager getappt. Sie verwenden viel zu viel Zeit für E-Mail und laufen ständig Gefahr, andere wichtige Tätigkeiten zu vernachlässigen. Das geht sogar so weit, dass sie berufliche E-Mails plötzlich selbst in Zeiten bearbeiten, die bislang für die Familie oder die Erholung reserviert waren.

Wenn wir Gärtner wären, dürften wir es nicht übersehen, wenn sich eine (an und für sich nützliche) Hecke auf die Nachbarbeete ausbreitet und das dort angebaute Gemüse verdrängt. Genauso wenig dürfen wir es als Manager übersehen, wenn E-Mail sich in einer Art und Weise in unserem Verantwortungsbereich breit macht, die unter dem Strich mehr schadet als nützt.

Im Prinzip ist das das Geheimnis der MbE-Manager. Sie lassen E-Mail nicht unkontrolliert laufen. Stattdessen holen sie – ebenso wie der Gärtner – die „Gartenschere“ heraus und stutzen E-Mail

4 In „Wenn E-Mails nerven“ (Günter Weick/Wolfgang Schur, Stark Verlag) erklären wir, weshalb das so ist. Den meisten Managern reicht aber schon die eigene Erfahrung über das vereinnahmende Wesen von E-Mail.

ständig auf jenes Format zurecht, in dem es ein Nützling und kein Schädling ist. Und genau das ist die Herausforderung, vor der wir stehen.

Aus der Gärtner-Analogie lassen sich für uns einige Einsichten ableiten:

1. Es ist unverzichtbar zu wissen, **welche Form nützliches E-Mail hat**. Nur dadurch können wir erkennen, was schädlich ist und deshalb von uns rigoros entfernt werden muss.

2. Die Gartenschere ist nicht nur ein Werkzeug des Kahlschlags. Sie hat auch **hegende Aufgaben**. Sie legt jene Pflanzentriebe frei, die speziell gefördert, ja vielleicht sogar veredelt werden müssen. Auch der MbE-Manager hat diese Aufgabe. Er lässt E-Mail dort vermehrt einsetzen, wo es seine Stärken hat.

3. Es reicht nicht aus, nur einmal zu schneiden. Weil E-Mail im vergangenen Jahrzehnt nicht beachtet wurde und deshalb ins Kraut geschossen ist, ist der erste Beschnitt natürlich der radikalste und auch der schwierigste. Doch von da an ist **ständige Aufmerksamkeit** nötig. Wenn eine Führungskraft auch nur einige Zeit nicht auf E-Mail achtet, wird sie feststellen, dass sich schon wieder wilde Triebe bilden, die begierig in fremdes Gebiet hineinwuchern.

4. Durch das erstmalige Schneiden entstehen große Lücken. Plötzlich ist viel Raum da. Diesen freien Raum gilt es für Wichtiges zu verwenden – entweder beruflich oder privat.

   Es gibt Menschen, die mit dem gewonnenen Raum zunächst nichts anfangen können. Er macht manchen sogar regelrecht Angst, weil sie überlegen müssen, wie sie die freie Zeit sinnvoll verwenden. Dies gilt für uns Manager ebenso wie für unsere Mitarbeiter. Schnell wendet man sich dann wieder der

„Beschäftigungstherapie E-Mail" zu. Als Manager sind wir gefordert, dafür zu sorgen, dass die **gewonnenen Freiräume sinnvoll genutzt** werden.

Ansatzpunkte

MbE-Manager setzen an zwei unterschiedlichen Punkten an.

Selbstmanagement. Hier geht es zunächst um uns selbst. Bevor wir unsere Mitarbeiter vom wuchernden Gestrüpp befreien können, müssen wir uns erst einmal selbst freischneiden.

Das ist alles andere als trivial. Als Manager gehören wir nämlich zu einer Berufsgruppe, die mit am tiefsten im E-Mail-Gestrüpp steckt. Dieses Buch gibt Hilfestellungen. Wesentlich einfacher geht es aber mit professioneller Hilfe im Rahmen eines MbE-Coachings.

Mitarbeiterführung. Nachdem wir uns selbst befreit haben, können wir das Gleiche für unsere Mitarbeiter tun. Jenen Mitarbeitern, die sich bereits maßlos überfordert fühlen, geben wir wieder Luft zum Atmen. Dem Rest schaffen wir freie Kapazitäten und den Blick fürs Wesentliche.

Ablauf

Beginnen Sie mit sich selbst. Erst wenn Sie Ihr E-Mail-Verhalten professionalisiert haben, sollten Sie sich dem E-Mail-Verhalten Ihrer Mitarbeiter zuwenden.

Gute Gründe sprechen für diese Reihenfolge:

- Es ist viel einfacher, sich selbst zu ändern als andere. Die Chance auf schnellen Erfolg ist deshalb ungleich höher.

- Um das Verhalten Ihrer Mitarbeiter zu ändern, benötigen Sie Energie und Zeit. Von beidem haben Sie mehr, wenn Sie sich selbst bereits Freiräume geschaffen haben.
- Manche Änderungen auf Mitarbeiterseite verlangen zwingend ein bestimmtes (geändertes) Verhalten Ihrerseits.
- Sie wirken in den Augen der Mitarbeiter glaubwürdiger, wenn Sie sich selbst geändert haben.
- Die Erfahrungen, die Sie bei Ihrem eigenen Änderungsprozess machen, helfen Ihnen bei jenen Änderungen, die die Mitarbeiter betreffen.
- Mitarbeiter können sich an Ihnen orientieren und Sie als Beispiel nehmen.

Auch wenn es so klingt, als passierten die beiden Schritte vollkommen getrennt voneinander – es ist nicht so. Da Sie einen Großteil Ihrer E-Mails mit Ihren Mitarbeitern austauschen, sind Ihre Mitarbeiter bereits von den meisten Ihrer Selbstmanagementmaßnahmen direkt betroffen. Schon während Sie Ihre eigene E-Mail-Nutzung professionalisieren, entsteht ein starker Änderungsdruck auf Ihre Mitarbeiter.

Teil 1
Selbstmanagement

Strukturieren Sie Ihren E-Mail-Verkehr

MbE-Manager ähneln sich hinsichtlich ihres E-Mail-Volumens – vor allem aber bezüglich der Struktur ihres ein- und ausgehenden E-Mail-Verkehrs.

In diesem Abschnitt werden wir Ihnen zeigen, welche Arten von E-Mail sich in welchen Mengen in den Postfächern von MbE-Managern finden. Sie erfahren auch, was MbE-Manager tun, um zu dieser Struktur zu kommen.

Damit Sie wissen, wo Sie bezüglich Ihres eigenen E-Mail-Aufkommens stehen, empfehlen wir Ihnen, sich zunächst mit einer Ist-Analyse einen Überblick zu verschaffen.

Die Analyse ist zwar nicht zwingend notwendig, um die folgenden Kapitel mit Gewinn zu lesen, sie wird Ihnen aber wichtige Einsichten geben. Das „gefühlte" E-Mail-Aufkommen (und vor allem dessen Struktur) unterscheidet sich nämlich meist deutlich von den realen Tatsachen. Ein weiterer Vorteil für Sie besteht darin, dass Sie anhand der jetzigen Ist-Analyse Ihre Fortschritte zu einem späteren Zeitpunkt messen können.

Für Ihre Analyse können Sie einen kostenlosen Erhebungsbogen anfordern. Senden Sie hierzu eine leere E-Mail an **selbstanalyse@softrust.com.**

Ist-Analyse als Service

Sie können Ihr E-Mail-Aufkommen auch von den Beratern von SofTrust Consulting analysieren lassen. Die Berater erfassen Ihr E-Mail-Aufkommen nicht nur, sondern bewerten es auch gleich. So wissen Sie, wo Sie im Vergleich zu MbE-Managern stehen. Informationen unter: www.softrust.com

---

Über die optimale Anzahl von E-Mails

In den USA erhalten viele Manager inzwischen 200 bis 300 E-Mails pro Tag – und finden das vollkommen normal.

Ergebnis aus SofTrust-Projekten mit US-Konzernen

Es gibt keine Zahl, über die man derart berechtigt streiten kann, wie über „die richtige Menge“ der täglichen E-Mails. Auch zwischen MbE-Managern gibt es hier durchaus Unterschiede. Wir können es mit dem „Normalgewicht“ vergleichen. Welches Gewicht ist für einen Menschen normal? 40 Kilo? 70 Kilo? Oder 100 Kilo?

Jedes Gewicht und keines! Es kommt bekanntlich auf das Alter, das Geschlecht und die Größe der Person an. Wissen wir dagegen schon einmal, dass es sich um einen Erwachsenen handelt, lassen sich zumindest Tendenzaussagen machen. Und es lässt sich mit Sicherheit sagen, dass die meisten Erwachsenen spätestens mit 110 Kilogramm die Normalzone verlassen.

Ähnlich ist es mit Ihrem E-Mail-Aufkommen. Wie viele E-Mails für Sie „normal“ sein sollten, ergibt sich aus Ihrer konkreten Aufgabe und einigen weiteren Rahmenbedingungen[5]. In Ihrem Fall wissen wir immerhin, dass Sie Manager sind, und das ermöglicht zumindest grundsätzliche Aussagen. Die meisten regional aktiven MbE-Manager erhalten pro Tag weniger als 30 E-Mails[6]. Sie schreiben maximal 20 E-Mails[7].

5 Vor allem die geografische Verteilung der Kommunikationspartner sowie die vorhandenen Kommunikationsalternativen spielen eine Rolle.

6 ohne Spam-Mails

7 Bei global agierenden Managern sind die Zahlen meist ein wenig höher.

Dies ist der Benchmark, an dem Sie sich messen sollten. Wir können nicht beurteilen, ob in Ihrem speziellen Fall 40 oder 50 Eingangs-E-Mails noch im grünen Bereich liegen. Wir wissen nur eines: Mit 100 Eingangs-E-Mails liegt ein Manager auf jeden Fall ebenso eindeutig jenseits der akzeptablen Grenze, wie ein Erwachsener mit 150 Kilo jenseits des gesunden Normalgewichts liegt. Es gibt gemäß unserer Erfahrung nämlich keinen Managerjob, bei dem der Manager per E-Mail über täglich hundert für ihn relevante Sachverhalte informiert werden müsste. Wenn er trotzdem 100 E-Mails erhält, macht irgendwer etwas falsch. Und es ist die Aufgabe des Managers, dies zu korrigieren – entweder bei sich selbst, oder bei den anderen.

Je stärker Ihr Posteingang von (maximal) 30 Eingangs-E-Mails abweicht, desto wahrscheinlicher leiden Sie an „E-Mail-Übergewicht“[8].

In den nächsten Kapiteln werden wir unterschiedliche E-Mail-Arten durchleuchten. Dabei werden Sie sicherlich entdecken, wo Sie eventuell „unnötiges Gewicht“ angesetzt haben. Wir werden Ihnen aufzeigen, was Sie tun können, um dieses Gewicht loszuwerden.

! **Wir werden in Folge viel darüber reden, wie Sie Ihr E-Mail-Volumen reduzieren können. Das bedeutet aber nicht, dass E-Mail schlecht ist. Im Gegenteil: E-Mail ist ein mächtiges Werkzeug und kein Manager sollte darauf verzichten. Es geht lediglich darum, die jeweils richtige Menge zu finden.**

---

8 Es gibt auch das Phänomen des „E-Mail-Untergewichts“. Das sind Manager, die E-Mail selbst dort nicht nutzen, wo das Werkzeug die beste Alternative ist. Doch Manager mit E-Mail-Untergewicht lesen dieses Buch mit Sicherheit nicht.

Exkurs: Spam

Spam zählt ebenso wenig zum normalen E-Mail-Aufkommen eines Managers wie seine Aktentasche zu seinem Normalgewicht. Wir werden Spam deshalb hier nicht näher betrachten. An dieser Stelle nur ein Tipp: Lassen Sie Ihre IT-Abteilung die Spamabwehr optimieren, falls Sie mehr als vier Spam-Mails pro Tag erhalten. Es geht dabei nicht darum, dass Spam für Sie ein *großes* Problem wäre, sondern vielmehr darum, dass es ein vollkommen *unnötiges* Problem ist. Viele MbE-Manager haben seit Jahren keine einzige Spam-E-Mail mehr in ihrem Posteingang gesehen. Sie haben sich dadurch unzählige Ablenkungen und Löschvorgänge (so kurz jede für sich auch sein mag) gespart.

Über die richtigen Proportionen

> ***„Mein E-Mail-Aufkommen fand ich gar nicht so schlimm. Was mich geschockt hat, war zu erkennen, wie es strukturiert war.“***
> **MbE-Coachee**

Bislang haben wir über absolute E-Mail-Zahlen gesprochen. Doch wie bereits erwähnt, haben absolute Zahlen Schwächen. Deshalb wenden wir uns nun jenen Zahlen zu, die bei MbE-Managern wesentlich weniger voneinander abweichen: den Relationen. Prozentsätze sind unabhängig vom absoluten E-Mail-Aufkommen. Gleichgültig, wie viele E-Mails Sie erhalten und schreiben: Bestimmte Relationen sollten eingehalten werden. Wo diese Relationen verletzt werden, liegen meist strukturelle Probleme vor.

Wenn wir noch einmal den Vergleich mit dem Normalgewicht bemühen: Gleichgültig ob eine Person 40 Kilo, 70 Kilo oder 100 Kilo auf die Waage bringt, sie kann in jeder Gewichtsklasse eine Idealfigur haben. Wichtig ist, dass die Proportionen stimmen. Sofern die Proportionen nicht stimmen, ist das meist ein deutlicher Hinweis darauf, dass ein Fitnessprogramm angesetzt werden sollte.

Wir werden uns im Folgenden also die Proportionen des E-Mail-Aufkommens von MbE-Managern ansehen. Sie können Ihre eigenen E-Mail-Proportionen damit vergleichen.

Über den richtigen Maßstab

Bei Menschen wissen wir instinktiv, wann die Proportionen nicht stimmen. Wir sehen sofort, wenn Gliedmaßen länger sind, als sie sein sollten, oder Speck dort quillt, wo er nicht hingehört. Bei E-Mail müssen wir uns erst die „Idealfigur“ schaffen, bevor wir die Auswüchse erkennen.

Das fehlende Wissen um die „E-Mail-Idealfigur“ ist der Hauptgrund, weshalb viele Manager ihr E-Mail-Aufkommen nicht gestalten, sondern einfach hinnehmen. Sie können einfach nicht unterscheiden, was richtig und was falsch ist. Sobald sie dagegen wissen, was in den E-Mail-Verkehr eines Managers gehört – und was nicht – können sie aktiv werden.

Was ist aber die E-Mail-Idealfigur? Dreh- und Angelpunkt ist, E-Mail in erster Linie dafür zu benutzen, wofür man bezahlt wird. Das gilt für jeden – also auch für uns Manager.

Stellen wir uns also die simple Frage: „Wofür werden wir als Manager bezahlt?" Für das E-Mailen? Sicherlich nicht! Nicht einmal für das Kommunizieren! Sondern einzig und allein für das Managen. Unsere Managementaufgabe muss der Maßstab sein, an dem sich alles messen lassen muss – auch unser E-Mail-Verkehr.

Managen bedeutet:

- Ziele setzen
- Zielerreichung planen
- Ressourcen beschaffen und verwalten
- Organisieren
- Personen führen
- Fortschritt kontrollieren
- Bei Abweichungen intervenieren
- Den eigenen Bereich gegenüber Anderen vertreten

Diese Tätigkeiten sind unsere zentralen Aufgaben und sie sollten als solche den Löwenanteil unserer Zeit beanspruchen. Ebenso sollten sie den Löwenanteil unserer (E-Mail-)Kommunikation ausmachen.

Vor allem junge Manager wenden oft ein, dass die Kernaufgaben für einen „modernen" Manager nicht der richtige Maßstab seien. In einer Welt flacher Hierarchien, schneller Änderungen, sozialer Netzwerke und hochqualifizierter Mitarbeiter müsse man als Manager vor allem nondirektiv und multidimensional kommunizieren können.

Wir möchten uns nicht über Führungsstile streiten. Wir wissen nur: Am Ende des Tages wird jede Führungskraft an dem gemessen, was sie als **Manager** geleistet hat. Die kritischsten Beurteiler sind übrigens die eigenen Mitarbeiter. Sie erwarten von ihren

Chefs genau das Gleiche, was diese von ihnen verlangen: dass sie ihre Aufgaben richtig und professionell wahrnehmen.

Fokussieren Sie auf Ihre Kernaufgaben

Nach dem oben Gesagten können Sie sich sicherlich vorstellen, welche E-Mails bei MbE-Managern den größten Anteil des E-Mail-Verkehrs ausmachen. Tatsächlich drehen sich mindestens 65 Prozent der E-Mails von MbE-Managern um die Führungskernaufgaben.

Wenn wir Führungskräften in Coachings den 65-Prozent-Benchmark mitteilen, reagieren diese häufig selbstzufrieden. Die meisten Manager sind nämlich fest davon überzeugt, dass sich der Großteil ihrer E-Mails auf ihre Kernaufgaben bezieht. Doch eine genauere Analyse zeigt ihnen meistens, dass dies nicht der Fall ist. [9] Eine E-Mail, auf die der Vorgesetzte in „Cc" kopiert wird, zählt nämlich mitnichten zu „Personal führen" und auch nicht zu „Fortschritt kontrollieren". Für diese Zwecke ist eine *Cc*-Kopie nämlich aus Management-Sicht in den allerseltensten Fällen gut geeignet.

Analysiert man den Posteingang eines Managers, der täglich hundert geschäftliche E-Mails erhält, bleiben bei großzügiger Betrachtung 40 Prozent Kernaufgaben-E-Mails übrig. Wenn man kritischer ist, sind es meistens weniger als 25 Prozent.

Was also tun? Mehr E-Mails zu Kernaufgaben schreiben? Im ersten Schritt nicht. Es ist zwar wirklich so, dass viele unserer Coachees bei der Analyse ihres E-Mail-Aufkommens plötzlich

9 Aus diesem Grund ist eine genaue Analyse Ihres E-Mail-Aufkommens eigentlich unerlässlich. Sofern Sie den Ist-Zustand nicht systematisch erfasst haben, sollten Sie es an dieser Stelle nun tun.

entdecken, dass sie bestimmte Managementaufgaben im Tagesgeschäftsstress vollkommen vernachlässigt haben, doch zunächst geht es einmal darum, die Zahl jener E-Mails, die nicht zu unseren Kernaufgaben gehören, zu reduzieren.

Indem wir konsequent überflüssige E-Mails eliminieren, steigt automatisch der prozentuelle Anteil jener E-Mails, die zu unseren Kernaufgaben gehören. Wenden wir uns dieser Aufgabe zu.

Reduzieren Sie „Notwendige-Übel-E-Mails“

Alle E-Mails, die nicht zu unseren Führungskernaufgaben gehören, entspringen dem, was wir gerne als „Notwendige Übel“ bezeichnen. „Notwendige Übel“ sind jene Tätigkeiten, die nicht zur Führungskernaufgabe gehören, die von Führungskräften aber trotzdem erledigt werden.

Notwendige Übel sind:

- Einbeziehung ins Tagesgeschäft unserer Mitarbeiter
- Eigene operative Aufgaben
- Sichtung und Bearbeitung allgemeiner Informationen
- Sonstige, nicht zuordenbare Tätigkeiten

Keine Führungskraft kann „Notwendige Übel“ vollkommen vermeiden. Der Zeitaufwand hierfür sollte sich aber in Grenzen halten – und damit natürlich auch wieder der dazugehörige E-Mail-Verkehr.

Bei MbE-Managern liegt der Anteil der „Notwendige Übel“-E-Mails regelmäßig unter 35 Prozent. Bei anderen Managern sieht es weniger gut aus. Bei ihnen übersteigt die Zahl der „Notwendige Übel"-E-Mails oft die Anzahl jener E-Mails, die zu ihren Kernaufgaben gehören. Damit ist der Schwanz größer als der Hund. Und wedelt kräftig mit dem Manager.

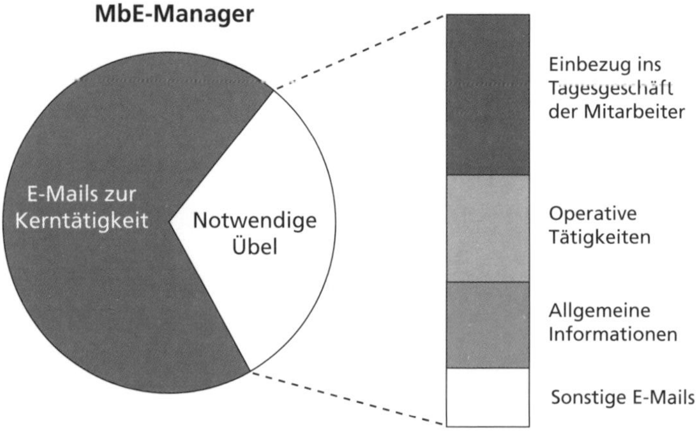

Wie schaffen es MbE-Manager, den Anteil unwichtiger E-Mails in Grenzen zu halten? Im Grunde sind es zwei ganz einfache Prinzipien:

1. MbE-Manager verwenden für die unvermeidbaren Nebenaktivitäten möglichst wenig Energie. Sie bearbeiten das „Notwendige Übel" also effizient.

2. MbE-Manager beschäftigen sich im Gegensatz zu anderen Managern nicht mit Dingen, die absolut *nicht* notwendig sind. Viele E-Mails sind nämlich nicht einmal „Notwendiges Übel", sondern einfach nur „unnötige Zeitverschwendung".

Die Prinzipien sind trivial. Schwierig ist es, E-Mails immer in die richtige Klasse zu sortieren und entsprechend zu behandeln.

Im folgenden Abschnitt lernen Sie, Ihren Blick für „Notwendige Übel“-E-Mails zu schärfen. Wir zeigen Ihnen, wo und wie Sie diese reduzieren können.

Tagesgeschäft der Mitarbeiter

Wenn wir bei E-Mail-Effizienzcoachings die Posteingänge der Teilnehmer durchgehen, finden wir stets viele E-Mails, mit denen die Manager in das operative Tagesgeschäft hineingezogen werden. Der größte Block sind (nicht verlangte) Informationskopien. Der zweitgrößte Teil ist der gesamte Schriftverkehr, der sich um Entscheidungen dreht, die die Mitarbeiter aufgrund ihrer Kompetenzen nicht fällen können.

Weshalb Mitarbeiter ihre Führungskräfte in das Tagesgeschäft hineinziehen:

- Die Arbeit überfordert den Mitarbeiter.
- Dem Mitarbeiter fehlen wichtige Informationen.
- Der Mitarbeiter muss das Gewicht seines Managers ins Spiel bringen, um sich gegenüber anderen durchzusetzen.
- Der Mitarbeiter möchte einen Fall eskalieren.
- Der Mitarbeiter möchte sich absichern.
- Eine Entscheidung liegt außerhalb der Kompetenz des Mitarbeiters.

Ganz klar – die Unterstützung der eigenen Mitarbeiter ist eine wichtige Aufgabe, der sich kein Manager entziehen sollte.

Es ist vollkommen in Ordnung, wenn diese Hilfestellungen bis zu 25 Prozent Ihrer E-Mails ausmachen. Wenn es aber mehr sind, bedarf das Thema Ihrer Aufmerksamkeit.

In der Regel reicht es vollkommen aus, wenn Sie die Anzahl jener *eingehenden* E-Mails reduzieren, mit denen Ihre Mitarbeiter versuchen, Sie in ihr Tagesgeschäft zu ziehen. Die *ausgehenden* E-Mails sind in dieser Kategorie nämlich überwiegend Reaktionen. Sobald Sie die Empfangsseite in den Griff bekommen, löst sich das Problem auf der Sendeseite also automatisch.

Wir werden uns deshalb die Eingangs-E-Mails betrachten und dabei anschauen, wie MbE-Manager es schaffen, den Anteil dieser E-Mails auf unter 25 Prozent zu drücken.

Falle 1: Informationskopien

„Am besten gefiel mir die Sache mit den Cc-Kopien. Innerhalb von zwei Wochen bekam ich nur noch ein Drittel. Das machte richtig Spaß."

MbE-Coachee

Fast alle unsere Coachees ertrinken in einer Flut von Informationskopien. Die meisten dieser Informationskopien kommen in Form einer *Cc*-Kopie.

Auf den ersten Blick scheinen E-Mail-Kopien optimal geeignet, um als Führungskraft nahe am Tagesgeschäft zu bleiben. Man ist direkt am Ball, kann nötigenfalls regulierend eingreifen und ist auf potentielle Schwierigkeiten vorbereitet. Soweit die Vorteile.

Doch es gibt auch Nachteile. Sogar ganz viele und gravierende. Deshalb bekämpft jeder MbE-Manager im besonderen Maße die *Cc*-Informationskopie. Im Folgenden ist beschrieben, welche Nachteile sie in der *Cc*-Kopie sehen.

- **Informationskopien an den Chef drehen die Hierarchie um.** Früher musste der Mitarbeiter Zeit investieren, um Informationen derart aufzubereiten, dass sie für den Vorgesetzten einfach nutzbar waren. Eine *Cc*-Kopie an den Chef verlangt dagegen vom Mitarbeiter keine Arbeit. Der Aufwand für das Herausfiltern relevanter Informationen, die Analyse und die Interpretation werden dem Chef zugeschoben.

  MbE-Manager glauben nicht, dazu da zu sein, Informationen ihrer Mitarbeiter in eine nutzbare Form zu bringen.

- **Informationskopien beanspruchen vom *Cc*-Empfänger überproportional viel Zeit.** E-Mails sind für den *An*-Empfänger geschrieben – nicht für den Empfänger der Kopie. Deshalb steht in der E-Mail auch nicht, weshalb ein *Cc*-Empfänger die Kopie erhält. Der Empfänger der Kopie muss es selbst herausfinden und sich die für ihn relevanten Informationen heraussuchen. Dazu muss er auch viele für ihn vollkommen irrelevante Passagen lesen. Trotz intensiven Studiums versteht er manchmal dennoch nicht, weshalb der Sender glaubt, er müsse diese E-Mail in Kopie erhalten.

  MbE-Manager wollen nicht mutmaßen. Sie wollen wissen. Und das schnell.

- **Informationskopien erzeugen die Illusion, informiert zu sein.** Auch bei hohem Aufwand gelingt es einem *Cc*-Empfänger häufig nicht, alle relevanten Informationen zu erfassen bzw. richtig zu interpretieren. Ein Manager, der von zehn Mitarbeitern und all ihren Kommunikationspartnern regelmäßig mit „Cc" kopiert wird, müsste alle Vorgänge im Detail kennen, damit er die in den E-Mails enthaltenen Informationen alle richtig bewerten kann. Allein schon entscheiden zu können, welche Information wichtig ist und welche nicht, setzt voraus, dass der Manager tief im Tagesgeschäft steckt.

MbE-Manager haben nicht den Anspruch, die bessere Fachkraft zu sein. Sie bestehen auf klaren Aussagen.

› **Der Manager liefert sich dem Goodwill des Mitarbeiters aus.** Letztendlich entscheidet der Mitarbeiter, wann er seinen Vorgesetzten auf eine E-Mail kopiert – und wann nicht.

MbE-Manager liefern sich nicht dem Mitarbeiter aus. Sie stellen klare Regeln auf, wann und wie sie informiert werden möchten.

› **Informationskopien kommen im Zweifel zu spät.** Als Manager ist es zwar hilfreich, aus der *Cc*-Kopie eines Mitarbeiters zu erkennen, dass gerade ein Problem mit einem anderen Bereich (einem externen Partner / einem Kunden etc.) entsteht – doch dann ist es eigentlich schon zu spät.

MbE-Manager wollen Bescheid wissen, bevor eine E-Mail mit einer Zeitbombe verschickt wird. Und nicht erst, wenn sie schon auf dem Schreibtisch des Empfängers liegt.

› ***Cc*-Kopien generieren neue E-Mails.** Kopiert ein Mitarbeiter seinen Chef auf seine E-Mail, werden die Empfänger der E-Mail diesen Chef automatisch auch ihrerseits auf die Antworten kopieren. Das erhöht die Zahl der beim Manager eingehenden E-Mails.

MbE-Manager haben kein Interesse daran, ihren Posteingang mit irrelevanten Tagesgeschäfts-E-Mails vollstopfen zu lassen und dabei gleichzeitig noch den Eindruck zu vermitteln, sie persönlich wären in die Sache involviert.

- **Mitarbeiter werden demontiert.** Setzt ein Mitarbeiter ständig seinen Chef auf „Cc“, gewinnen die Empfänger den Eindruck, dass der Mitarbeiter im Prinzip nicht entscheidungsbefugt ist. Sobald es zum kleinsten Problemchen kommt, wenden sich die Empfänger an den Manager, statt die Angelegenheit mit dem eigentlich zuständigen Mitarbeiter zu regeln.

  MbE-Manager wollen sich nicht um jede Kleinigkeit kümmern müssen. Sie möchten Mitarbeiter, die in den Augen ihrer Kommunikationspartner als kompetent und entscheidungsbefugt gelten.

Schon aus den oben genannten Gründen sind Informationskopien mit Vorsicht zu behandeln. Es gibt aber einen noch viel schwerwiegenderen Grund, der MbE-Managern bei *Cc*-Kopien die Zornesröte ins Gesicht treibt:

- **Mitarbeiter drücken sich vor Verantwortung.** Viele *Cc*-Kopien sind im Prinzip gar keine Informationskopien, sondern schlichtweg der Versuch, die Verantwortung an den Vorgesetzten (oder an andere) zu delegieren. Die Amerikaner bezeichnen diese E-Mails als “Cover-my-ass-emails“. Ihr einziger Zweck ist es, im Problemfall sagen zu können: „Ich hatte Sie doch informiert! Da Sie nicht widersprochen haben, musste ich davon ausgehen, dass das für Sie in Ordnung ist! Kommen Sie mir jetzt nicht damit, dass der Fehler bei mir liegen soll!“

MbE-Manager lassen nicht zu, dass sich Mitarbeiter aus ihrer Verantwortung stehlen. Sie wollen keine Kultur, in der viel Zeit damit verschwendet wird, bei Fehlern mit dem Finger auf andere Personen zu zeigen. Sie wollen, dass aus Fehlern gelernt und dann schnell zum Tagesgeschäft zurückgekehrt wird. "Cover-my-ass"-E-Mails haben bei ihnen keine Chance.

Das Schöne an eingehenden *Cc*-E-Mails ist der Umstand, dass Sie als Manager ihre Anzahl mit wenigen Maßnahmen drastisch reduzieren können:

- **Nutzen Sie selbst „Cc" so wenig wie möglich.** Signalisieren Sie durch Ihre knappe Verteilergestaltung: „Ich kopiere ausschließlich Menschen auf „Cc", die wirklich ein Interesse an dem Thema haben (müssen). – Und ich möchte, dass es alle anderen mit mir ebenso halten." Mehr als zwei *Cc*-Empfänger sollte keine Ihrer E-Mails haben.
- **Machen Sie bekannt, dass Sie *Cc*-E-Mails von unternehmensinternen Absendern grundsätzlich nicht lesen.** Dies tun ausnahmslos alle MbE-Manager. Eine interne *Cc*-Kopie ist für sie lediglich ein Informationsangebot, das von ihnen in der Regel nicht angenommen wird. Niemand darf sich bei einem MbE-Manager deshalb darauf berufen, er habe ihn per „Cc" informiert. MbE-Manager sind konsequent. Die meisten von ihnen reagieren selbst dann nicht auf eine *Cc*-E-Mail, wenn sie diese ausnahmsweise doch einmal lesen und darin Probleme entdecken. „Sollen die ihre Erfahrungen machen", sagen sie. MbE-Manager sind allerdings auch in einer anderen Hinsicht konsequent: Sie berufen sich selbst niemals darauf, jemanden per „Cc" über einen Sachverhalt informiert zu haben. Sie stehen zu ihren Fehlern.

Seien Sie an dieser Stelle gewarnt: Erwarten Sie zu Beginn Konflikte. Die Situation, dass sich jemand darauf beruft, Sie per „Cc“ informiert zu haben, kommt so sicher wie das Amen in der Kirche. Das müssen Sie durchstehen.

- **Entfernen Sie *Cc*-Kopien aus dem Posteingang.** Lassen Sie sich nicht durch *Cc*-E-Mails von den wirklich wichtigen E-Mails ablenken. Halten Sie Ihren Posteingang schlank, indem Sie interne *Cc*-E-Mails beim Eintreffen automatisch per Regel in einen eigenen Unterordner verschieben lassen.
- **Legen Sie fest, wie Sie informiert werden möchten.** Wenn Sie keine *Cc*-Kopie wollen, bedeutet das nicht, dass Sie auf Information verzichten möchten. Im Gegenteil. Sie wollen sogar besser informiert werden. Vor allem Ihren eigenen Mitarbeitern können Sie vorschreiben, wie Sie informiert werden möchten.
  - **Etablieren Sie ein regelmäßiges Berichtswesen.** MbE-Manager haben in der Regel ein gutes Berichtswesen. Ihre Mitarbeiter liefern in regelmäßigen Abständen – beispielsweise wöchentlich – einen einseitigen strukturierten Bericht zum Stand ihrer Arbeit. Dieser enthält den aktuellen Status, Probleme, Chancen etc. Solch ein Bericht ist schnell erstellt und schnell gelesen. Er ist aussagekräftig und ersetzt zahllose *Cc*-Kopien.
  - **Verlangen Sie kommentierte Informationskopien.** Gelegentlich ist es wirklich notwendig, eine komplette E-Mail im Original zu erhalten. Verlangen Sie von Ihren Mitarbeitern, dass in diesem Fall die betreffende

E- Mail mit „An“ an Sie weiterleitet wird. Zu Beginn des weitergeleiteten Textes muss der Mitarbeiter erläutern, weshalb Sie diese E-Mail erhalten und welche Textpassagen für Sie relevant sind.

Ein wichtiger Hinweis: Zu Beginn versuchen Mitarbeiter häufig, diese Praxis zu umgehen. Sie wollen die Informationskopie nicht kommentieren und setzen ihren Chef deshalb einfach in die *An*-Zeile der Original-E-Mail. Andere leiten E-Mails zwar mit „An“-adressiert weiter, schreiben aber nur lapidar: „Zu Ihrer Information“ oder „FYI“. Hier müssen Sie intervenieren. Sonst nisten sich schlechte Gewohnheiten ein.

- **Bestehen Sie auf rechtzeitige Information.** Weisen Sie Ihre Mitarbeiter an, alle E-Mails, die Ärger bringen können, vor dem Aussenden mit Ihnen abzusprechen. Lassen Sie sich den Entwurf (kommentiert und mit „An“ adressiert) zusenden. Erst nach Ihrer Freigabe darf eine solche E-Mail Ihren Verantwortungsbereich verlassen.

› **Lassen Sie sich von Ihren Mitarbeitern nur in Ausnahmen in „Cc“ setzen.** Machen Sie Ihren Mitarbeitern klar, dass sie im Außenverhältnis als die Zuständigen wirken sollen. Lassen Sie nur jene *Cc*-Kopien zu, mit denen die Mitarbeiter ausdrücklich öffentlich machen wollen, dass sie ihren Chef involviert haben. Erlauben Sie diese Art von „politischem Druck“ aber nur in Ausnahmefällen. Schließlich sollen die Mitarbeiter selbst genügend Gewicht bekommen, den Großteil aller Fälle alleine abzuwickeln.

Sie sollten über die Fälle, in denen Ihre Autorität ins Spiel gebracht wird, informiert sein. Lassen Sie sich deshalb von Ihren Mitarbeitern diese *Cc*-E-Mails mit „An“ weiterleiten und kommentieren. Die Mail, in der Sie auf „Cc“ gesetzt sind, lesen Sie ja nicht (siehe oben).

- **Demotivieren Sie externe *Cc*-Sender.** Im Gegensatz zu den eigenen Mitarbeitern kann man anderen E-Mail-Verfassern wenig vorschreiben. Vor allem bei wichtigen externen Absendern kommt man nicht umhin, jede einzelne *Cc*-Kopie wirklich zu lesen. Trotzdem nutzen MbE-Manager zwei Ansätze, um die Anzahl der externen *Cc*-E-Mails zu reduzieren:
  - **Verweisen Sie konsequent auf die Kompetenz der zuständigen Mitarbeiter.** Positionieren Sie den zuständigen Mitarbeiter als den richtigen und kompetenten Ansprechpartner. Stärken Sie diesem den Rücken. Ziehen Sie sich gleichzeitig selbst zurück.

    Ihre Antwort auf eine externe *Cc*-E-Mail könnte folgendermaßen lauten: „*Danke für Ihre Informationskopie. Ich denke, dass Sie und unsere Frau Zuständig das Thema am besten direkt miteinander behandeln. Zu viele Köche verderben bekanntlich den Brei. Solange ich nichts Wesentliches beitragen kann, streichen Sie mich bitte vom Verteiler. Mit freundlichen Grüßen.*“

    Eine solche E-Mail zu schreiben, ist natürlich zunächst einmal Arbeit. Doch sie vermeidet viele künftige *Cc*-E-Mails von diesem Absender.

- **Stellen Sie sich dumm.** Wenn aus der E-Mail nicht offensichtlich wird, weshalb Sie *Cc*-kopiert wurden, ist „Dummstellen“ ein probates Mittel. Ebenso, wenn Sie denken, dass Sie aus politischen Gründen kopiert wurden. Durch Ihr „Dummstellen“ generieren Sie beim Absender zusätzliche Arbeit – die er künftig zu vermeiden trachten wird.

  Ihre Antworttext auf eine solche *Cc*-E-Mail könnte lauten: „*Danke für Ihre Kopie. Ich benötige jedoch Ihre Hilfe: Weshalb denken Sie, dass ich diese E-Mail erhalten sollte? Bezüglich welchen Punktes in Ihrer E-Mail erwarten Sie meine Unterstützung? Wie sollte diese konkret aussehen? Mit freundlichen Grüßen.*“

  Sie können für Ihre Antworten vorbereitete Textbausteine benutzen. Damit Ihre Einstellung zu solchen *Cc*-E-Mails allgemein bekannt wird, können Sie durchaus die (eigentlich verbotene) „*Allen-Antworten*“-Funktion für diese Antworten verwenden. Es geht Ihnen bei Ihrer Reaktion ja ausnahmsweise einmal nicht um E-Mail-Effizienz, sondern um eine möglichst wirkungsvolle Management-Intervention.

Die oben beschriebenen Maßnahmen lassen den Umfang Ihres Posteingangs drastisch schmelzen. In unseren Coachings erleben wir immer wieder Manager, die allein durch die angeführten Tipps plötzlich 50 E-Mails pro Tag weniger erhalten. Das macht bei zweihundert Arbeitstagen immerhin 10.000 E-Mails weniger. Pro Jahr. Jedes Jahr!

Die Macht des guten Vorbildes

Erfahrungsgemäß funktioniert eine „asymmetrische“ *Cc*-Praxis. Darunter verstehen wir, dass der Chef lediglich die mit „An“ adressierten E-Mails seiner Mitarbeiter liest, während er von diesen verlangt, auch (seine) *Cc*-Kopien zu lesen.

Wenn der Chef seinen Mitarbeitern allerdings die gleichen Rechte einräumt wie sich selbst, ist der Produktivitätsgewinn ungleich größer. Deshalb befreien die meisten MbE-Manager die eigenen Mitarbeiter davon, unternehmensinterne *Cc*-E-Mails lesen zu müssen. Sofern ein Mitarbeiter deshalb Probleme mit anderen Bereichen erhält – und das passiert zu Beginn zwangsläufig – stellen sich diese Manager demonstrativ hinter ihre Mitarbeiter.

Die Befreiung der Mitarbeiter von den *Cc*-E-Mails bedeutet jedoch für den MbE-Manager mehr Arbeit. Er muss beispielsweise jene E-Mails, in denen er einen Mitarbeiter nur in „Cc“ adressierte, künftig per „An“ versenden und auch seine Erwartungshaltung an den Mitarbeiter formulieren. Das ist natürlich aufwendiger – aber ungleich hochwertiger.

Jeder Manager muss für sich entscheiden, welchen Weg er geht.

Falle 2: Entscheidungen im Tagesgeschäft

Informationskopien machen den größten Teil jener E-Mails aus, mit denen Mitarbeiter ihre Chefs in das eigene Tagesgeschäft ziehen. Der nächstgrößere Block besteht aus E-Mails, die in Zusammenhang mit Entscheidungen stehen. Das beginnt mit E-Mails, die im Vorfeld der Entscheidung geschrieben werden, und endet mit den E-Mails, die die Details der Implementierung der getroffenen Entscheidung beinhalten.

Nun gehört es zweifellos zu unseren Managementaufgaben, Entscheidungen zu treffen. Und E-Mail ist ebenso zweifellos ein gutes Kommunikationsmittel für Entscheidungen. Schließlich wird dabei jeder Schritt automatisch schriftlich dokumentiert.[10]

Weil wir bei E-Mail so einfach „Ja“ oder „Nein“ eintippen und dann auf „Senden“ klicken können, besteht jedoch die Gefahr, dass wir uns Schuhe anziehen, die uns gar nicht gehören. Oder wir tappen in die Ad-hoc-Falle. MbE-Manager vermeiden beides. So können Sie es ihnen gleich tun:

- **Treffen Sie nicht die Entscheidungen anderer Personen.** Fragen Sie sich bei jeder Anfrage, ob wirklich Sie es sind, der diese Entscheidung treffen sollte. Weisen Sie alle E-Mails zurück, für die das nicht zutrifft. Benennen Sie dabei – soweit bekannt – den richtigen Ansprechpartner. Das gilt insbesondere für Entscheidungen, für die eigentlich jemand aus Ihrem Team zuständig ist.

  Jene MbE-Manager, die primär auf die Wirkung achten und weniger auf Höflichkeit, senden solche E-Mails

10 Einige E-Mail-Systeme erlauben es, den Inhalt von E-Mails nachträglich zu manipulieren. Wenn Sie Ihre Entscheidungen und Direktiven gegen Verfälschungen schützen möchten, sollten Sie sich mit den diesbezüglichen Möglichkeiten Ihres E-Mail-Systems vertraut machen.

mit dem Vermerk zurück: *„Die zuständige Ansprechpartnerin ist Frau Richtig. Bitte kontaktieren Sie diese unter F.Richtig@-muster.de.“* Diese Vorgehensweise erhöht die Wahrscheinlichkeit, dass sich der Sender das nächste Mal direkt an die Zuständige wendet. Schließlich muss er sonst wieder zwei E-Mails schreiben.

Bei manchen Absendern ist diese etwas rüde Methode nicht möglich. Hier kommt man nicht umhin, die E-Mail an den Zuständigen weiterzuleiten. MbE-Manager benutzen hierfür allerdings nicht die „Weiterleiten“-Funktion. Stattdessen klicken sie auf „Antworten“ und nehmen den zuständigen Mitarbeiter zusätzlich in die *An*-Zeile auf (nicht in die *Cc*-Zeile!). Der Text könnte dann lauten: *„Für dieses Thema ist Frau Richtig zuständig. Bitte kontaktieren Sie diese der Einfachheit halber künftig direkt. Frau Richtig, bitte nehmen Sie sich der Sache an.“*

- **Lassen Sie Entscheidungen nicht an sich zurückdelegieren.** Mitarbeiter involvieren ihren Chef häufig in Entscheidungen, die eigentlich voll in ihre eigenen Befugnisse fallen. Lassen Sie sich nicht darauf ein. Ihre Reaktion auf einen Rückdelegationsversuch sollte davon abhängen, welche Motivation der Mitarbeiter hat.

  1. Will der Mitarbeiter vor allem die Verantwortung für die Entscheidung auf Sie abschieben, müssen Sie intervenieren. Die einfachste Intervention ist eine Antwort-E-Mail mit dem Text: *„Das ist im Rahmen Ihrer Kompetenzen. Treffen Sie die Entscheidung!“*

  2. Bittet der Mitarbeiter ständig deshalb um Entscheidungen, weil er sich selbst nicht in der Lage sieht, diese zu treffen, haben Sie zwei Möglichkeiten: Entweder Sie qualifizieren den Mitarbeiter entsprechend oder Sie ge-

ben die Aufgabe jemandem, der die damit zusammenhängenden Entscheidungen fällen kann. Notfalls müssen Sie den Mitarbeiter austauschen.

Dass Sie nicht die Entscheidungen Ihrer Mitarbeiter treffen, hat im Prinzip weniger mit E-Mail zu tun als einfach mit gutem Führungsverhalten.

- **Tappen Sie nicht in die Ad-hoc-Falle.** Weil Entscheidungen per E-Mail so einfach sind, übersehen wir häufig einen wichtigen Managementauftrag: Eine unserer Aufgaben ist es ja, wiederkehrende Prozesse ordentlich zu organisieren. Das tun wir bei Fragen, die wir per E-Mail empfangen, häufig nicht. Anstatt die Ursache für Entscheidungsanfragen zu beheben (und damit die Notwendigkeit zur Einzelentscheidung zu eliminieren), treffen wir lieber jeden Tag viele Entscheidungen aufs Neue.

  Vermeiden Sie diese Falle. Beobachten Sie, welche Entscheidungen von Ihnen verlangt werden. Sobald sich ein bestimmter Typ von Entscheidungen häuft, sollten Sie sich fragen:

  1. **Ist für diese Entscheidung das eher informelle E-Mail-System das richtige Medium?** Oder gehört dieser Fall nicht eigentlich in ein Workflow-System? In eine Customer-Relationship-Anwendung? Etc.
  2. **Was könnte ich tun, damit diese Entscheidung künftig nicht mehr bei mir landen muss?** Muss ich meinen Mitarbeitern mehr Kompetenzen geben? Muss ich sie qualifizieren? Muss ich meinen Mitarbeitern/Kunden/etc.

ein Regelwerk an die Hand geben, so dass diese künftig selbst die Antworten finden können? Muss ich bestehende Entscheidungsrichtlinien ändern? Kann das automatisiert werden?

- **Unterlaufen Sie keine bestehenden Prozesse.** Manager werden häufig zu Ad-hoc-Entscheidungen gedrängt, weil es im Unternehmen noch keine Richtlinien oder Prozesse gibt.

  Es gibt aber auch das Gegenteil: Mitarbeiter versuchen, bestehende Prozesse per E-Mail auf dem „kleinen Dienstweg“ zu umgehen. Meist handelt es sich um Prozesse, die als zu kompliziert oder aufwendig angesehen werden. Anstatt beispielsweise einen Fehler im dafür vorgeschriebenen Formular zu melden, wird eine E-Mail geschrieben. Statt den Urlaubsantrag auszufüllen, wird eine E-Mail geschickt.

  Die meisten MbE-Manager lassen solche Abkürzungen nicht zu. Stattdessen verweisen sie auf die bestehenden Prozesse. Falls die bestehenden Prozesse nicht (mehr) geeignet oder veraltet sind, arbeiten MbE-Manager darauf hin, sie baldmöglichst zu ersetzen.

Exkurs: Die Ad-Hoc-Falle

E-Mail verführt nicht nur bei Entscheidungen zu Ad-hoc-Handlungen. E-Mail veranlasst Menschen, auch in anderen Situationen zu improvisieren anstatt sich ordentlich zu organisieren.

Beispielsweise erhalten Mitarbeiter häufig ähnliche Informationsanfragen und antworten immer wieder aufs Neue darauf. In jedem Einzelfall handelt es sich um relativ wenig Aufwand. Addiert man den Aufwand aber, so kommt im Laufe der Zeit doch einiges zusammen. Was noch wichtiger ist: Wer die Antwort immer neu komponiert, generiert unterschiedlich gute Qualität. Manchmal vergisst man Dinge. Oder drückt sich weniger gut aus.

Die Lösung auf das Anfrage-Problem kann darin bestehen, Textbausteine oder gar komplette Vorlagen für die Antwort-E-Mail anzulegen. Diese müssen in Zukunft dann nur noch aufgerufen werden. Innerhalb weniger Sekunden ist dann eine qualitativ hochwertige Antwort generiert.

Man kann aber auch auf ein anderes Medium wechseln. Die häufigsten Fragen könnten beispielsweise im Firmen-Wiki oder im Intranet beantwortet werden. Viele Fragesteller werden die Information dort künftig von sich aus finden und keine E-Mails mehr schreiben. Diejenigen, die immer noch per E-Mail anfragen, erhalten einfach eine (natürlich vorlagenbasierte) E-Mail mit dem Link auf die Antwort. So werden sie an das neue Medium gewöhnt.

Auch andere Lösungen sind möglich. Vielleicht benötigen die Anfragenden einfach nur selbst Zugriff auf eine bestimmte Datenbank? Oder sie brauchen eine schriftliche Dokumentation? Oder eine Schulung?

MbE-Manager sorgen dafür, dass sie und ihre Mitarbeiter nicht improvisieren müssen. Sie lösen wiederkehrende Probleme gleich richtig. Das mag zunächst etwas mehr Arbeit sein. Doch die Mühe lohnt sich schnell.

Eigene operative Tätigkeiten

K. übernahm zum Jahresanfang seine erste Management-Stelle. Parallel führte er seine noch nicht besetzte Stelle kommissarisch weiter. Ferner übernahm er die Aufgaben eines verunfallten Mitarbeiters. Am Jahresende bestand sein E-Mail-Aufkommen zu beinahe 80 Prozent aus operativen E-Mails.

Der ehemalige ITT-Manager Harold Geneen sagte einmal: „Managers must manage!“ Und er hat Recht: Manager werden für das Führen bezahlt.

Trotzdem ist praktisch jeder Manager auch selbst zu einem gewissen Teil operativ tätig. Darunter verstehen wir, dass ein Manager in die Niederungen des Tagesgeschäfts steigt und eigenhändig Dinge erledigt, die – der reinen Lehre nach – eigentlich von seinen Mitarbeitern erledigt werden müssten. Gründe für diese operativen Tätigkeiten sind:

- Sein Chef hat ihm diesen Teil des Tagesgeschäfts zugewiesen. Beispielsweise ist er als Gruppenleiter gleichzeitig noch selbst für ein Sachgebiet zuständig.
- Er hat keinen (geeigneten) Mitarbeiter, der die Aufgabe erledigen kann.
- Es gäbe zwar geeignete Mitarbeiter, aber der Manager hat die betreffende Aufgabe keinem zugeordnet.
- Es gibt einen zuständigen Mitarbeiter, doch dieser ist der Aufgabe nicht gewachsen. Er kommt mit Problemen ständig zu seinem Manager.

- Es gibt einen zuständigen und auch geeigneten Mitarbeiter, doch dieser fehlt gerade. Der Manager muss für ihn aushilfsweise in die Bresche springen.
- Der Manager schaltet sich in das Tagesgeschäft seiner Mitarbeiter ein, um kritische Situationen zu lösen.

Für jede dieser Tätigkeiten muss kommuniziert werden und damit entstehen natürlich auch E-Mails. Bei manchen unserer Coachees machen diese E-Mails bis zu 60 Prozent des gesamten E-Mail-Volumens aus. Bei einem typischen MbE-Manager liegt der Anteil dagegen deutlich unter 15 Prozent.

Sofern Sie Ihre Funktion als Manager wirklich ernst nehmen und zudem noch Ambitionen für einen weiteren Aufstieg haben[11], sollten Sie den Anteil jener E-Mails, in denen Sie selbst operativ tätig sind, auf unter 20 Prozent drücken. Das können Sie nur erreichen, wenn Sie sich selbst aus operativen Tätigkeiten zurückziehen:

- **Stellen Sie unwichtige Tätigkeiten ein.** Stellen Sie ersatzlos alle jene Tätigkeiten ein, die bislang bei Ihnen hängen blieben, weil sie „nicht wichtig genug waren, um einen Mitarbeiter vom Arbeiten abzuhalten".
- **Ziehen Sie sich aus Projekten zurück.** Beenden Sie die Mitarbeit in Projekten, die für Ihren Bereich oder für Ihre Karriere nicht notwendig sind. Lassen Sie sich nicht in neue Projekte dieser Art einspannen.
- **Delegieren Sie Aufgaben.** Delegieren Sie jene operativen Aufgaben, für die Sie bislang persönlich zuständig sind, an Ihre Mitarbeiter.

11 Über die Schädlichkeit bestimmter Tätigkeiten für die Karriere haben wir in „Wahnsinnskarriere" (Wolfgang Schur / Günter Weick, Stark Verlag) geschrieben.

- **Halten Sie sich aus Einzelfällen heraus.** Mischen Sie sich nicht in eine laufende E-Mail-Diskussion ein. Wenn Sie Einfluss nehmen wollen, sprechen Sie den zuständigen Mitarbeiter direkt an und lassen dann diesen das Problem lösen.
- **Qualifizieren Sie Ihre Mitarbeiter.** Gut ausgebildete Mitarbeiter benötigen viel seltener Ihre tätige Hilfe.
- **Etablieren Sie Stellvertreter.** Sorgen Sie dafür, dass jeder Ihrer Mitarbeiter einen Stellvertreter hat. Dadurch brauchen Sie selbst nicht mehr einzuspringen.

Kollegen und Mitarbeiter werden ihre Stirn runzeln, wenn Sie sich plötzlich aus vielen operativen Tätigkeiten heraushalten. Doch es führt kein Weg daran vorbei. In zwei Monaten wird sich jeder daran gewöhnt haben und in einem halben Jahr kann sich schon niemand mehr vorstellen, dass es jemals anders war.

Was aber können Sie tun, wenn alle oben genannten Maßnahmen nicht ausreichen? Einfach deshalb, weil Sie viel zu wenig Personal für die anstehenden Aufgaben haben? In diesem Fall haben Sie drei Möglichkeiten:

1. Sie stellen zusätzliches Personal ein.
2. Sie reduzieren den Umfang und/oder die Qualität der erbrachten Leistungen.
3. Sie lassen alles beim Alten und bleiben im Tagesgeschäft stecken.

Mehr Personal zu bekommen, ist immer schwierig, und Leistungen zu verschlechtern, ist unpopulär. Doch wenn Sie sich nie das Ziel setzen, Ihren Bereich so aufzustellen, dass Sie selbst sich weitgehend auf Ihre Führungsaufgabe konzentrieren können, werden Sie sich nie aus operativen Tätigkeiten herausziehen können. Sie werden automatisch auf die Alternative drei zurückfallen: Sie werden im Tagesgeschäft stecken bleiben und wahrscheinlich ein eher unterdurchschnittlicher Manager[12] sein.

Allgemeine Informationen

Bislang haben wir uns mit E-Mails beschäftigt, die ziemlich nah mit der Leistungserstellung Ihres Bereichs verbunden sind. Wie sieht es nun mit jenen E-Mails aus, die zwar interessante Informationen enthalten, aber nur indirekt mit der Aufgabe Ihres Bereichs zu tun haben? Als Führungskraft erhalten Sie ja ständig solche eher allgemeinen Informationen. Obwohl diese Art der Informationsmails keine Aufgaben für Sie enthalten, kommen sie doch oft mit „An" adressiert bei Ihnen an. Meist sind Sie Mitglied einer Verteilerliste.

Die Klasse der „Allgemeinen Informations-E-Mails" kann man grob in zwei Gruppen unterteilen:

1. **Sie haben die Informationen verlangt.** Sie erhalten beispielsweise eine Antwort auf eine von Ihnen gestellte Frage oder ein von Ihnen über eine Website angefordertes PDF-Dokument. Es können aber auch wiederkehrende Informationen sein. Beispiele für wiederkehrende Informationen sind Newsletter,

12 Es mag unpopulär sein, dies so direkt auszusprechen. Doch aus der Zusammenarbeit mit hunderten Managern wissen wir, dass dieser Zusammenhang eindeutig besteht.

Presseclippings, RSS-Feeds etc. Normalerweise haben Sie sich für diese irgendwann einmal angemeldet.

2. **Die Information wird unverlangt geschickt.** Diese Informationen werden Ihnen zuteil, weil jemand weiß, dass Sie in Ihrem Unternehmen eine leitende Funktion ausüben. Das betrifft beispielsweise die E-Mail, mit der ein Kollege einer Nachbarabteilung Sie „für alle Fälle“ per *Cc*-Kopie über bestimmte Vorgänge in seinem Bereich informiert halten möchte. Es kann aber auch die regelmäßige Einladung zur Teilnahme am Managerstammtisch der IHK sein oder die E-Mail der Personalabteilung, die Sie über ein aktuelles Urteil eines Arbeitsgerichts informiert. Der mit Abstand größere Teil der unverlangten Informationsmails stammt aus dem Unternehmen selbst[13].

Um es klar zu sagen: Führungskräfte sollen über den Tellerrand hinausschauen. Sie müssen schwache Signale erkennen, neue Ideen aufnehmen und beides in die Arbeit ihres Bereichs einfließen lassen. Deshalb haben auch Informationsmails ohne direkten Aufgabenbezug ihre Berechtigung. MbE-Manager achten allerdings streng darauf, dass die Anzahl dieser E-Mails nicht ausufert und dass die erhaltenen Informations-E-Mails auch einem bestimmten Qualitätsstandard genügen.

Sofern allgemeine Informationsmails mehr als zehn Prozent Ihrer erhaltenen E-Mails ausmachen, ist Handeln nötig:

- Reduzieren Sie die unverlangt zugesandten E-Mails.
- Optimieren Sie die gewünschten Informations-E-Mails.

13 Unverlangt zugesandte allgemeine Informationen, die von Externen kommen, werden meist als Spam klassifiziert und ausgefiltert.

So reduzieren Sie die Menge der unverlangt zugesandten E-Mails

Sofern Sie zu viele „Allgemeine Informationsmails“ erhalten, spricht vieles dafür, dass dafür die unverlangt zugesandten E-Mails verantwortlich sind. Und hier sind es vor allem jene E-Mails, die wir als *interne Informations-Spam-E-Mails* bezeichnen. Beispiele für *unternehmensinternen Informations-Spam* sind:

- Wöchentliche Informationen der Werksfeuerwehr (obwohl Ihr Büro außerhalb des Werkgeländes liegt)
- Ständige Benachrichtigungen der IT-Abteilung über Software-Updates (obwohl Sie diese Software gar nicht einsetzen)
- Rundbriefe der Personalabteilung
- Wöchentliche Statistiken
- Etc. etc. etc.

Für unternehmensinternen Informations-Spam gilt das Gleiche, was für externen Spam gilt: Weil er in der Regel schnell zu erkennen und zu löschen ist, ist er kein wirklich großes Problem. Trotzdem ist er unnötig und sollte deshalb von Ihnen so organisiert werden, dass er Ihre Aufmerksamkeit nicht beansprucht:

- **Lassen Sie sich von Verteilern löschen.** Das geht bei internen Versendern oft vollkommen problemlos. Sofern Sie nicht wissen, aus welchem Grund ein Kollege aus einer Nachbarabteilung Sie ständig auf seinen Verteiler setzt, sprechen Sie mit ihm darüber.
- **Lassen Sie E-Mails automatisch löschen.** Tun Sie dies in jenen Fällen, in denen Sie sich nicht vom Verteiler streichen lassen können. Um E-Mails automatisch zu löschen, definieren Sie in Ihrem E-Mail-Client eine Regel, die alle

E-Mails, die von bestimmten Absendern kommen oder bestimmte Schlüsselwörter enthalten, beim Eintreffen automatisch in den Papierkorb verschiebt.

- **Setzen Sie eine Assistenz ein.** Als Manager sollten Sie genau genommen gar keine unverlangt zugesandten Informationsmails sehen, weil Ihre Assistentin/Ihr Assistent diese E-Mails schon im Vorfeld aus dem Posteingang gelöscht haben sollte (zum Thema Assistenz gleich etwas mehr).

So erhöhen Sie den Nutzen gewünschter Informations-E-Mails

Bei den *gewünschten* Informations-E-Mails sind es vor allem die regelmäßig wiederkehrenden E-Mails (Newsletter, RSS-Feeds etc.), die viel Kapazität binden. Mit folgenden Schritten erhöhen Sie den Nutzen aus diesen gewünschten E-Mails:

- **Reduzieren Sie die Anzahl der Newsletter.** Beschränken Sie sich auf jene Newsletter, die Sie wirklich immer lesen. Bestellen Sie alle Newsletter ab, die öfter ungelesen liegen bleiben. Zu wissen, dass man Dinge unerledigt lässt, stresst nämlich. Hinterfragen Sie ruhig auch jene Newsletter, die Sie lesen. Brauchen Sie diese Informationen wirklich? Was würde passieren, wenn Sie den Newsletter nicht mehr lesen würden? Wären Sie bereit, für den Newsletter zu bezahlen? Wir meinen, mit Geld zu bezahlen! Mit Lebenszeit zahlen Sie ja bereits.

- **Bevorzugen Sie Newsletter mit geringerer Frequenz.** Abonnieren Sie Newsletter, die seltener erscheinen. Ein wöchentlicher Newsletter ist für die meisten Funktionen besser als ein täglicher (und ein zweiwöchiger besser als ein wöchentlicher). Zum einen werden Sie so seltener von Ihren Kernaufgaben abgelenkt und zum anderen hat ein seltener erscheinender Newsletter meist eine höhere Qualität (tägliche Newsletter werden oft mit Unwichtigem angereichert, um den Platz zu füllen).

- **Lassen Sie sich Informationen verdichten.** Als Manager sind Sie eigentlich zu hoch bezahlt, um selbst Informationen auszusortieren und zu verdichten. Lassen Sie stattdessen Ihre Assistenz oder Ihre Mitarbeiter wichtige Themen verfolgen und kurz zusammenfassen. Sie müssen diesen Mitarbeitern natürlich die hierfür benötigte Zeit geben. Falls es nicht möglich ist, einigen von ihnen für diese Aufgabe täglich 20 Minuten einzuräumen, ist das ein starkes Indiz dafür, dass die Themen nicht wirklich wichtig sind. Auf jeden Fall nicht wichtig genug, als dass Sie selbst die Zeit dafür aufwenden sollten. Ihre Zeit sollte nämlich mehr wert sein als die Ihrer Mitarbeiter.

Hinterfragen Sie auch die Notwendigkeit der von Ihren Mitarbeitern verdichteten Informationen ständig. Lassen Sie die Verdichtung sofort einstellen, wenn die Informationen nicht mehr so wichtig sind. Sie sparen Ihren Mitarbeitern damit Arbeit.

- **Nutzen Sie Google-Alerts.** Google-Alerts informiert Sie per E-Mail über neu erschienene Online-Artikel, die bestimmte Suchbegriffe enthalten. Ein Google-Alert ist wie die Ergebnisliste einer Online-Suche strukturiert. Das bedeutet, dass in jedem gefundenen Artikel jene Sätze zitiert sind, die die gesuchten Stichworte enthalten. Allein anhand dieser Auszüge ist häufig schon beurteilbar, ob der Artikel interessant ist. Das Angenehme an Google-Alerts: Man kann selbst entscheiden, wie häufig man diese Kurzübersichten erhalten möchte.

- **Nutzen Sie einen gesonderten Posteingang für Informations-E-Mails.** Allgemeine Informationen sollten Sie nicht von Ihren Kernaufgaben ablenken. Leiten Sie deshalb Newsletter und RSS-Feeds per Regel automatisch in einen Unterordner mit dem Namen „Newsletter/RSS“ um. Der eigentliche Posteingang bleibt dadurch übersichtlich.
- **Etablieren Sie eine Leseroutine für Informationsmails.** Allgemeine Informationsmails zur besten Arbeitszeit zu lesen ist unproduktiv. Planen Sie stattdessen entsprechend Zeit in den Randlagen ein. Beispielsweise: „Immer Freitagnachmittag ab 16 Uhr“ oder „Im Zug nach Hause“ oder „Immer am Flughafen“ etc.
- **Setzen Sie sich ein Zeitlimit.** Geben Sie sich ein Zeitlimit für das Lesen allgemeiner Informationsmails vor. Mehr als 30 Minuten pro Tag sollten Sie für diese Art von E-Mails nicht investieren. Wer sich kein Limit setzt, verliert sich allzu leicht in Unwichtigem. Er watet in allgemeiner Information herum, verliert den Überblick und vergeudet überdies noch einen Teil seiner Lebenszeit. Ein Zeitlimit hat noch einen weiteren Vorteil: Es zwingt dazu, nur die wirklich wichtigen Newsletter/RSS-Feeds zu wählen.
- **Nutzen Sie weitere Informationsquellen.** Online-Informationen sind gut. Sie sind aber nur eine Informationsquelle unter vielen. Verwenden Sie mehr Zeit für Zeitungen und Fachmagazine. Die Artikel sind häufig ausführlicher. Man liest sie zudem entspannter als am Bildschirm.

Sonstige E-Mails

Bis hierher haben wir die E-Mails behandelt, die zu Ihrem Kerngeschäft gehören *(Ausbauen!)*, die E-Mails, mit denen Sie Ihre Mitarbeiter unterstützen *(Selektieren!)*, die E-Mails, bei denen Sie selbst operativ tätig sind *(Reduzieren!)* und die E-Mails, mit denen Sie allgemein informiert werden *(Optimieren!)*.

Damit bleiben nur noch jene E-Mails übrig, über die wir als Autoren am wenigsten wissen: Die „*Sonstigen E-Mails*" sind ein Sammelsurium, das bei jedem Manager etwas anders aussieht.

Mehr als sechs Prozent Ihrer E-Mails sollten die „*Sonstigen E-Mails*" nie ausmachen. Falls Ihr Anteil an „*Sonstigen E-Mails*" höher ist, sollten Sie sich überlegen, warum diese E-Mails für Ihren Job nötig sein sollen und wie Sie sie in Zukunft verringern könnten.

Empfangs- und Lesebestätigungen abschalten

Bei einigen unserer Kunden machten Empfangsbestätigungen nahezu 30 Prozent des gesamten E-Mail-Volumens aus.

Wenn Sie viele „*Sonstige E-Mails*" erhalten, liegt das häufig an einer hohen Anzahl von Empfangs- und Lesebestätigungen.

MbE-Manager benutzen Empfangs- und Lesebestätigungen grundsätzlich nicht. Zum einen sind diese Bestätigungen ohnehin unzuverlässig (der Empfänger kann, muss sie aber nicht zulassen) und zum anderen haben diese Bestätigungen negative Auswirkungen:

- **Die Empfänger fühlen sich kontrolliert.** Sie denken, dass man ihnen misstraut. Das weckt Widerstand und Antipathien – sowohl gegen den Sender als auch gegen sein Anliegen.
- **Die Anzahl der Absicherungsaktionen steigt.** Lesebestätigungen vermitteln dem Empfänger das Gefühl, dass im Unternehmen (zumindest aber bei diesem Absender) Absicherung notwendig ist. Entsprechend fordern die Empfänger nun künftig ihrerseits Lesebestätigungen an. Das E-Mail-Volumen steigt. Zusätzlich treffen die Empfänger weitere Absicherungsmaßnahmen (*Cc*-E-Mails, Aktennotizen etc.). Im Konfliktfall verteidigen sie sich vehement und sehr langwierig.

Häufige Empfangs- und Lesebestätigungen weisen auf eine Misstrauenskultur hin – oder aber auf eine Kultur, in der Fehler nicht verziehen werden. In beiden Kulturen müssen Mitarbeiter viel Energie auf die persönliche Absicherung verwenden. Diese Energie fehlt natürlich für das Geschäft.

MbE-Manager sind nicht im Mindesten daran interessiert, anhand von langen Listen von Lesebestätigungen herauszufinden, wer im Streitfall denn Recht hat. Indem sie selbst auf Lese- und Empfangsbestätigungen verzichten, setzen MbE-Manager ein Zeichen als Anführer. Sie tragen zu einer Vertrauenskultur bei und vermeiden dadurch viel unproduktiven Aufwand.

Also: Sofern Sie bislang Lese- und Empfangsbestätigungen angefordert haben, sollten Sie diese künftig ausschalten. Halten Sie Ihre Mitarbeiter dazu an, ebenfalls auf diese unnötigen Kontrollen zu verzichten.

Lassen Sie sich helfen

Damit haben wir die erste (und wichtigste) Gemeinsamkeit im E-Mailverhalten von MbE-Managern erarbeitet: MbE-Manager lassen sich nicht zu unnötigen E-Mails verführen. Sie konzentrieren sich auf jene E-Mails, die direkt mit ihren ureigenen Kernaufgaben zusammenhängen.

Eine weitere wichtige Gemeinsamkeit von MbE-Managern besteht darin, dass sie sich bei der Bearbeitung ihrer elektronischen Eingangspost unterstützen lassen.

Assistenzen

J. leitet in einem Chemiekonzern einen Bereich mit über 1.000 Mitarbeitern. Er initiierte die konzernweite Abschaffung der Sekretariate. Auch er gab seine Sekretärin ab und übernahm viele ihrer Aufgaben. Einige Monate später hatte er einen Burnout.

Praktisch alle unsere Kunden haben in den vergangen Jahren massiv Sekretariatsstellen wegrationalisiert. Es ist nicht unüblich, dass ein Abteilungsleiter, ein Hauptabteilungsleiter oder gar ein Bereichsleiter keine Assistenz mehr hat. Diese Manager bearbeiten ihre elektronische Post natürlich selbst und sind oft sogar stolz auf ihre Autarkie und den vermeintlich modernen Zeitgeist, den sie dadurch verkörpern.

MbE-Manager verfügen dagegen praktisch alle noch über eine Assistentin oder einen Assistenten. Damit erscheinen sie manchem als altmodisch. Doch MbE-Manager sehen das anders. Ein

MbE-Manager hat es einmal so formuliert: „Wer als Manager auf eine Assistenz verzichtet, ist nicht ausnehmend modern, sondern ausnehmend dumm!" Das ist nicht gerade eine freundliche Wortwahl, bringt es aber auf den Punkt.

Den (unzweifelhaften) Vorteilen der „modernen" Manager-Autarkie stehen nämlich viele Nachteile gegenüber. Diese werden umso gravierender, je mehr über E-Mail kommuniziert wird.

- **Mehr Postbearbeitungsaufwand.** Wenn ein Großteil ihrer Eingangspost nicht mehr von einer Assistenz gefiltert wird, sieht sich eine Führungskraft viel mehr Eingangspost gegenüber als früher. Mehr als das: Nachdem keine Assistenz mehr die vielen kleinen Dinge (Anfragen etc.) von sich aus erledigt, muss sich die Führungskraft selbst um all diese Kleinigkeiten kümmern. Die „moderne" Führungskraft benötigt deshalb wesentlich mehr Zeit für ihre Postbearbeitung als früher. Diese Zeit fehlt ihr natürlich für ihre Kernaufgaben.

- **Geringe Wertschöpfung.** Bearbeitet eine Führungskraft ihre Eingangspost selbst, übernimmt sie Aufgaben, die früher von einer Bürokraft erledigt wurden. Diese kostet einen Bruchteil dessen, was die Führungskraft kostet. Die Wertschöpfung der Führungskraft bewegt sich während der Postbearbeitung damit täglich mehrere Stunden lang in einem Bereich, der ihr Gehalt nicht rechtfertigt.

- **Schiefe Work/Life-Balance.** Führungskräfte kompensieren die fehlende Zeit und die fehlende Wertschöpfung teilweise dadurch, dass sie E-Mails zu Zeiten bearbeiten, die früher der Entspannung oder dem Privatleben gehörten. Dies geht zu Lasten ihrer Erholung, ihrer Gesundheit und häufig auch ihrer familiären Beziehungen.

- **Mentale Ermüdung.** Auch Führungskräfte sind nur Menschen. Wenn ihnen Erholung fehlt, gehen sie abgespannt zur Arbeit. Schon etwas mehr abgespannt im nächsten Monat. So richtig abgespannt allerspätestens im nächsten Jahrzehnt. Ihre Leistungsfähigkeit sinkt.

Wenn Manager, die bewusst auf eine Sekretariatskraft verzichten, ehrlich wären, müssten sie jetzt schon planen, sich selbst spätestens nach zehn Jahren gegen unverbrauchte Jüngere auszutauschen. Die einzige Hoffnung besteht darin, dass auch die Ebene unter ihnen dann schon derart mental ausgelaugt ist, dass keine wirkliche Konkurrenz besteht.

- **Entwertung der Zeit.** Indem Führungskräfte eigenhändig auf die trivialsten Fragen antworten, signalisieren sie ihren Kommunikationspartnern, dass ihre Zeit wenig wert ist. „Schau an", denken diese, „selbst für diesen Kleinkram hat der Zeit!" Führungskräfte, die alle E-Mails selbst beantworten, brauchen sich deshalb nicht zu wundern, wenn ihre Kommunikationspartner ihre Zeit nicht besonders wertschätzen und sich künftig auch mit jenen Trivialitäten an sie wenden, die sie auch selbst hätten erledigen können.
- **Eingeschränkter Horizont**. Führungskräfte, die sich ständig selbst um die trivialsten Dinge des Tagesgeschäfts kümmern (müssen), verlieren jene Energie und Zeit, die notwendig wären, um sich mit langfristigen und konzeptionellen Dingen zu beschäftigen. Sie bekommen einen Tunnelblick und laufen Gefahr, ihre Gedanken nicht mehr frei streifen lassen und über den Tellerrand blicken zu können.

- **Geringerer sozialer Status.** Durch die eigenhändige Postbearbeitung mögen „moderne“ Führungskräfte zugänglicher und volksnäher geworden sein. Für die Mitarbeiter haben sie aber gleichzeitig an Status verloren. Die Assistenz, die den Zugang zum Chef zu einem knappen Gut machte, tat mehr für dessen Status als alle anderen Statussymbole zusammen.

Geringerer Status hat nicht nur etwas mit dem Ego zu tun. Geringerer Status reduziert in den Augen der Kommunikationspartner auch das Gewicht der Führungskraft – und damit massiv ihre Durchsetzungskraft.

Angesichts der massiven Nachteile ist es an der Zeit, die bisherige Entwicklung bezüglich der Sekretariate zumindest ein wenig zurückzudrehen. Es hat einfach keinen Sinn, die teuersten und knappsten personellen Ressourcen des Unternehmens zu verheizen, nur um die Ausgaben für (relativ) billige Assistenzen zu sparen. Es müssen wieder mehr Assistenzen eingestellt werden. Sicherlich müssen die neuen Assistenzen ein etwas anderes Profil haben als die alten. Gleich bleibt jedoch, dass sie ihren jeweiligen Manager (auch) bei der Postbearbeitung unterstützen.

Sofern Sie über keine persönliche Assistenz (mehr) verfügen, sollten Sie es zu Ihrem persönlichen Ziel machen, möglichst bald wieder eine zu erhalten. Sofern Sie eine Assistenz haben, diese aber zur Zeit bei der E-Mail-Bearbeitung weitgehend ausklammern, sollten Sie sie künftig wieder mehr in die Postbearbeitung einbinden.

MbE-Manager legen alles, was eine Assistenz genauso gut oder besser tun kann, konsequent in deren Hände. Sie nutzen ihr Sekretariat zu folgenden Tätigkeiten:

- E-Mails vorsichten
- unnötige E-Mails löschen
- Terminanfragen bearbeiten
- auf beantwortbare Fragen gleich selbst reagieren
- zur Bearbeitung fehlende Informationen anfordern
- E-Mails an den Zuständigen weiterleiten
- Eingangs-E-Mails mit hilfreichen Zusatzinformationen für die schnelle Bearbeitung versehen
- Informations-E-Mails in Kurzberichten zusammenfassen
- das Ablagesystem aufbauen und pflegen
- E-Mails ablegen
- Wiedervorlagen verwalten
- delegierte Aufgaben überwachen

Dem MbE-Manager verbleiben bei einer derart guten Vorbearbeitung nur noch jene E-Mails, die die Assistenz für wichtig genug erachtet. Das ist ein Bruchteil dessen, was er ohne Assistenz sichten und bearbeiten müsste[14].

Wenn Sie es schaffen, Ihre E-Mails mit einer professionellen Assistenz zu bearbeiten, haben Sie einen riesigen Schritt in Richtung höherer Produktivität und höherer Arbeitszufriedenheit getan. Gleichzeitig haben Sie Zeichen hinsichtlich Ihres Führungsanspruchs gesetzt. Wir sind der festen Überzeugung, dass eine

14 Assistenzen sind ein Hauptgrund, weshalb der E-Mail-Verkehr von MbE-Managern derart auf Kernaufgaben konzentriert sein kann.

professionelle Zusammenarbeit mit einer Assistenz die wichtigste Einzelmaßnahme ist, die wir Ihnen in diesem Buch empfehlen.

Diejenigen, die in den vergangenen Jahren ihre E-Mails weitgehend selbst bearbeitet haben, seien gewarnt: Erwarten Sie nicht, dass es zu Beginn einfach sein wird. Weder für Sie, noch für die Assistenz, noch für das Unternehmen. Erwarten Sie folgende Herausforderungen:

- **Widerstände im Unternehmen.** Viele Geschäftsführer glauben immer noch, dass ein moderner Manager seine E-Mails selbst bearbeiten sollte – koste es was es wolle. Wirtschaftliches Denken wird durch Dogma ersetzt. Andere Unternehmen halten es für wirtschaftlich, wenn ein Manager in seiner Freizeit unentgeltlich die Arbeit von Schreibkräften erledigt. In so einer Umgebung bedarf es Anstrengungen, mit seinem Anspruch nach zusätzlicher Unterstützung durchzukommen. Manager der unteren Ebenen, denen gerade die Assistenz wegrationalisiert wurde, haben es verständlicherweise schwerer als ein Bereichsleiter, der noch eine persönliche Assistenz hat.
- **Herstellung eines Vertrauensverhältnisses.** Eine Assistenz, die Ihre gesamte Post liest, benötigt Ihr vollstes Vertrauen. Vielen Managern fehlt dieses Vertrauen heutzutage – vor allem dann, wenn sie noch nie eine Assistenz hatten oder diese vom Vorgänger „geerbt“ haben. Aber es hilft nichts, ohne Vertrauen kann die Assistenz Ihnen nur wenig helfen. Geben Sie ihr nötigenfalls einen Vertrauensvorschuss[15]. Sie werden sich übrigens wundern, wie sehr sich Menschen plötzlich verändern können, wenn sie voll-

15 Es gibt technische Möglichkeiten, vertrauliche E-Mails vor den Augen einer Assistenz oder eines Stellvertreters zu verbergen. Doch das sind im Vergleich zur einfachen Lösung „Vertrauensverhältnis“ alles nur Hilfskonstruktionen.

ständig ins Vertrauen gezogen werden. Wenn das nicht möglich ist, tauschen Sie die Assistenz gegen jemanden aus, dem Sie vertrauen. Schließlich sind Sie Manager.

- **Qualifizierte Besetzung.** Je besser Ihre Assistenz qualifiziert ist, desto besser kann sie Ihnen helfen. Manchmal sitzen auf den Assistenzplätzen allerdings Personen, die gerade einmal tippen, Reisen buchen und Kaffee kochen können. Das ist zwar besser als gar nichts, aber weit davon entfernt, optimal zu sein. Qualifizieren Sie solche Personen – oder ersetzen Sie sie.

- **Finden eines Arbeitsmodus.** Es gilt, einen Arbeitsmodus zu finden, der Ihrer Assistenz erlaubt, Sie optimal zu unterstützen. Nachdem Sie wahrscheinlich die Vorteile des eigenen E-Mail-Zugriffs weiter nutzen möchten, gilt es zu regeln, wer welche E-Mails wann liest, was er damit tut und wie mit offenen Punkten verfahren wird. Sich gegenseitig auf „Cc“ zu setzen, ist keine hinreichend gute Lösung. Da in den meisten Unternehmen bezüglich einer modernen Chef-Assistenz-Zusammenarbeit via E-Mail kaum Knowhow vorhanden ist, empfiehlt es sich, zur ersten Definition eines solchen Arbeitsmodus einen erfahrenen Berater hinzuzuziehen.

- **Aufgabe von Freiheit.** All das vorher Beschriebene ist wenig wert, wenn Sie nicht Ihren Arbeitsstil ändern. Ja, genau Sie! Sie müssen künftig auf die absolute Freiheit verzichten, in Ihrem Posteingang jederzeit tun und lassen zu können, was Sie möchten. Sie müssen eine gewisse Disziplin einhalten. Nur so kann Ihnen Ihre Assistenz optimal zuarbeiten.

Es ist nicht einfach, sich selbst zurückzunehmen. In manchen Fällen kann man sogar etwas Flexibilität und Geschwindigkeit verlieren. Doch unter dem Strich sind die Vorteile, die Sie durch eine klar definierte Zusammenarbeit gewinnen, wesentlich größer als die Nachteile aus dem Verzicht auf totale Freiheit.

Nagelprobe

Im vorherigen Kapitel hatten wir Ihnen empfohlen, Ihr E-Mail-Aufkommen zu analysieren. Das haben Sie hoffentlich nicht getan! Genauer gesagt: Das haben Sie hoffentlich nicht SELBST getan! Die Analyse Ihres E-Mail-Aufkommens ist nämlich eine typische Aufgabe für Ihre Assistenz. Sofern Sie die Analyse selbst durchgeführt haben, sollten Sie sich fragen, warum Sie Ihre eigene Arbeitszeit derart gering schätzen. Sofern Sie die Analyse bislang deshalb nicht durchgeführt haben, weil Ihnen Ihre eigene Zeit dafür zu wertvoll war, sollten Sie sich fragen, weshalb Sie das nicht an Ihre Assistenz delegiert haben.

Stellvertreter

Es gibt eine weitere Unterstützung, auf die kein einziger MbE-Manager verzichtet: den Stellvertreter. Dieser kümmert sich um die E-Mails des MbE-Managers, wenn dieser längere Zeit nicht da ist. Also beispielsweise bei Krankheit oder während des Urlaubs.

Sofern der MbE-Manager keine Assistenz hat, sichtet der Stellvertreter bei dessen Abwesenheit alle eingehenden E-Mails. Andernfalls nur die, die die Assistenz des MbE-Managers nicht bearbeiten kann.

Ein guter Stellvertreter gibt Seelenfrieden. MbE-Manager können beispielsweise ihren Urlaub ab dem ersten Tag genießen und brauchen bis zum letzten Tag nicht ins E-Mail-System zu schauen. Sie wissen, falls etwas Dramatisches geschähe, würde der Stellvertreter sie anrufen. Alles andere kann offensichtlich warten, bis sie zurückkommen.

Auch die Rückkehr an den Arbeitsplatz ist für einen MbE-Manager wesentlich entspannter. Dank seines Stellvertreters braucht er nicht tagelang durch hunderte E-Mails zu waten und dabei zu befürchten, auf E-Mails zu stoßen, die schon längst hätten beantwortet werden müssen. Stattdessen findet er einen bereits von Unnötigem bereinigten Posteingang vor, der die von ihm vorbereiteten Unterordner enthält (beispielsweise: „Zur Info", „Erledigt", „Noch offen"). Er kann sich dann einen „Stapel" nach dem anderen vornehmen.

Wir raten Ihnen dringend, einen Stellvertreter zu etablieren und diesem Zugang zu Ihrem Posteingang zu geben.

Viele Manager scheuen davor zurück. Sie haben Angst, der Stellvertreter könnte ihre privaten E-Mails oder vertrauliche Geschäftskorrespondenz (Personalangelegenheiten, Finanzen etc.) sehen.

Dazu ist Folgendes zu sagen:

Ihre **privaten E-Mails** gehören grundsätzlich nicht auf den E-Mail-Server des Unternehmens. Dort können sie nämlich von mehreren Personen gelesen werden – selbst dann noch, wenn Sie das Unternehmen schon längst verlassen haben. Benutzen Sie für die private Kommunikation lieber ein Postfach bei einem Internetprovider und fragen Sie dieses über das Internet ab. Das ist einfach und stellt sicher, dass wirklich niemand im Unternehmen Ihre privaten E-Mails zu Gesicht bekommt.

Und wie steht es um **vertrauliche Geschäftspost**? Ein Stellvertreter, der diesen Namen verdient, sollte eigentlich derart qualifiziert und vertrauenswürdig sein, dass er auch vertrauliche Geschäftspost lesen und nötigenfalls auch Entscheidungen treffen darf.

Sofern Sie die Idee, einen vollwertigen Stellvertreter zu haben, erschreckt, sollten Sie sich ehrlich fragen, warum dies so ist. Lässt Ihr Unternehmen keine qualifizierten Stellvertreter zu? Oder ist es doch mehr Ihre eigene Angst davor, einfacher ersetzt werden zu können? Sie merken: Dies ist eine grundsätzliche Frage, die nur am Rande etwas mit E-Mail zu tun hat.

Wer einen Stellvertreter hat, der in wirklich alles involviert ist, ist für das Unternehmen natürlich leichter ersetzbar. Andererseits schafft sich der Manager dadurch viel Freiheit. Er signalisiert Souveränität und Führungsstärke. Nicht zuletzt erleichtert er auch sein eigenes Weiterkommen. Schließlich muss ihn niemand mehr nur deshalb auf seiner aktuellen Stelle halten, weil er bei einer Beförderung eine nur schwer zu füllende Lücke hinterlassen würde.

Nicht in jedem Unternehmen sind allerdings vollwertige Stellvertreter erlaubt. Sofern Sie in solch einem Unternehmen arbeiten, können Sie nur auf Behelfslösungen setzen.

Sie haben dabei zwei Möglichkeiten:

1. Sie lassen einen Mitarbeiter Ihre E-Mails checken, verhindern aber, dass dieser vertrauliche E-Mails sieht. Ihre

Assistenz könnte beispielsweise alle vertraulichen E-Mails aus dem Posteingang entfernen, auf den der Stellvertreter Zugriff hat. Oder Sie nutzen technische Hilfsmittel wie Vertraulichkeitsstufen, Verschlüsselung etc.[16]

2. Sie gewinnen Ihren Chef als Ihren E-Mail-Stellvertreter. Der darf vertrauliche Geschäftspost wohl lesen.

Elektronische Helfer

MbE-Manager sind in erster Linie Manager und setzen deshalb so weit wie möglich auf menschliche Helfer. Jene MbE-Manager, die über keine Assistenzen verfügen, nutzen allerdings intensiv elektronische Helfer. Jedes gängige E-Mail-System verfügt heute über eine breite Palette solcher elektronischen Helfer. Es handelt sich dabei um Unterstützungsfunktionen, die es Ihnen ermöglichen, wiederkehrende Aktivitäten zu automatisieren. So lassen sich beispielsweise bei Outlook über Regeln E-Mails automatisch ablegen, löschen, mit Attributen versehen oder markieren. Über *Suchordner* können „stehende Suchen“ definiert werden und über das *Wiedervorlagemanagement* können offene Vorgänge verwaltet werden.

Sofern Sie diese Funktionen nicht kennen, besuchen Sie am besten einen Kurs zu den Fortgeschrittenen-Funktionen Ihres E-Mail-Systems oder lassen sie sich direkt am Arbeitsplatz einweisen. Vor allem wenn Sie keine Assistenz haben, lohnt sich der Aufwand sehr schnell.

16 Viele dieser Maßnahmen sind nur im Unternehmensverbund möglich. Sprechen Sie mit Ihrer IT-Abteilung oder einem spezialisierten Berater.

Abwesenheitsassistent

Der Abwesenheitsassistent ist der einzige elektronische Helfer, den praktisch alle Manager kennen. Mit ihm geben sie bekannt, wenn sie aufgrund Reisetätigkeit, Krankheit oder Urlaub nicht per E-Mail erreicht werden können.

Interessanterweise setzen MbE-Manager viel seltener auf diese Funktion als ihre Kollegen. MbE-Manager denken, dass sich der Absender bei einer vernünftigen E-Mail-Organisation nicht darum zu kümmern braucht, ob der Adressat persönlich da ist oder nicht. Hauptsache, sein Anliegen wird erledigt. Viele MbE-Manager denken auch, dass es einen Zufallsabsender gar nichts angeht, was sie gerade tun. Außerdem wissen die MbE-Manager, dass die Abwesenheitsnotiz nur einmal pro Absender und Abwesenheit verschickt wird. Sie wollen von ihren Kommunikationspartnern beispielsweise nicht verlangen, dass diese nach zwei Wochen noch genau wissen, dass sie drei und nicht nur zwei Wochen im Urlaub sind.

Statt den Abwesenheitsassistenten zu verwenden, informieren viele MbE-Manager ihre wichtigsten Kommunikationspartner lieber VOR ihrem Urlaub über ihre längere Abwesenheit. So verhindern sie von vornherein viele E-Mails.

Verwenden Sie E-Mail für das Richtige

Projektleiter M. fiel aufgrund einer Krankheit aus. Vor seiner Krankheit hing sein Projekt über drei Wochen in der Schwebe, da sich die Teammitglieder über einige Punkte nicht einigen konnten. M.s Nachfolger sah sich den immensen E-Mail-Verkehr zu diesem Thema an und berief sofort eine Besprechung ein. Innerhalb von zehn Minuten war die Sache erledigt.

Die ersten beiden wichtigen Gemeinsamkeiten von MbE-Managern haben wir behandelt:

1. Klarer Fokus auf die E-Mails zu den Kernaufgaben
2. Nutzung von Unterstützung

Die dritte Gemeinsamkeit besteht darin, dass MbE-Manager E-Mail selektiv nutzen. Sie setzen E-Mail nur dann ein, wenn es für die anstehende Aufgabe gut geeignet ist.

Die meisten anderen Manager achten nicht so sehr auf die Wahl des jeweiligen Kommunikationsmittels. Ihnen kommt es häufig darauf an, „*die Eingangs-E-Mail jetzt erst einmal schnell vom Tisch zu haben*“ und das geht per E-Mail meist am schnellsten. MbE-Manager haben eine andere Zielsetzung. Sie wollen „*den Vorgang möglichst abschließen*“. Deshalb greifen sie zu dem dafür am besten geeigneten Kommunikationsmittel – selbst wenn dies zunächst einmal für sie aufwendiger sein mag.

E-Mail ist kein Allheilmittel

Die meisten Menschen setzen heutzutage E-Mail für praktisch alles ein.[17] E-Mail ist für sie ein "One-fits-all"-Kommunikationsmittel. Doch wie überall im Leben gibt es auch in der Kommunikation keine Wunderwaffen.

Wer E-Mail in Situationen nutzt, für die es weniger geeignet ist, hat zwar zunächst einmal die Sache vom Tisch. Er nimmt aber gleichzeitig negative Nebeneffekte in Kauf, wie geringere Wirkung, Missverständnisse, Rückfragen, Notwendigkeit zum Nachfassen, Fehler, Verzögerungen, persönliche Konflikte etc. Das alles ist Sand im Getriebe des normalen Geschäftsablaufs und führt dazu, dass im Endeffekt mehr Zeit aufgewendet werden muss als bei einer unmittelbar richtigen Erledigung angefallen wäre.

Eine Führungskraft, die in Situationen, in denen E-Mail nicht geeignet ist, von vornherein auf E-Mail verzichtet und stattdessen auf einen anderen Kommunikationskanal ausweicht, kommt schneller ans Ziel und verhindert unnötige Reibungsverluste. Dadurch arbeiten diese Führungskräfte und ihre Mitarbeiter entspannter.

Wofür MbE-Manager E-Mail nutzen

MbE-Manager setzen E-Mail vorzugsweise dann ein, wenn alle folgenden Sachverhalte vorliegen:

- **Standardaufgabe.** Es handelt sich um "Business as usual" – meistens um operative Aufgabenstellungen. Bei Spezial- oder Sondersituationen verbietet sich E-Mail für einen MbE-Manager als erste Wahl.

17 Bezeichnend ist allein schon der Buchtitel „Darf man per E-Mail kondolieren?“

- **Aufgabenorientierung.** Die Sache steht im Vordergrund und nicht der Mensch. Die Beziehungsebene spielt bei dieser Kommunikation eine untergeordnete Rolle.
- **Keine Dringlichkeit.** Die Nachricht ist nicht eilig. Es reicht, wenn der Empfänger sie in einem oder zwei Tagen liest und dann reagiert.
- **Einfache Sachverhalte.** Die Angelegenheit bedarf keiner längeren Diskussion. Auch handelt es sich um keine Entscheidungsfindung, in die mehrere Personen involviert sind. Beides dauert per E-Mail nämlich viel länger.
- **Kein Konfliktpotential.** Der Empfänger steht der Nachricht voraussichtlich nicht negativ gegenüber und er kann sich auch nicht persönlich angegriffen fühlen. Es ist auch zu erwarten, dass der Empfänger für diesen Zweck eine E-Mail als angemessen ansieht.
- **Schriftlichkeit erwünscht.** Der Absender möchte die Nachricht schwarz auf weiß dokumentieren. Zumindest hat er nichts gegen die schriftliche Fixierung einzuwenden. Auch der Empfänger hat voraussichtlich nichts gegen die Dokumentation des Austauschs.

Ist auch nur eine dieser Bedingungen nicht erfüllt, ist E-Mail nicht nur schlechter geeignet als andere Kommunikationsmittel, sondern manchmal sogar regelrecht schädlich.[18] MbE-Manager verzichten deshalb in diesen Fällen meistens auf E-Mail. Sie weichen, wenn irgendwie möglich, auf das persönliche Gespräch, ein Telefonat, eine Videokonferenz, einen Brief etc. aus.

18 Details finden Sie in Günter Weick / Wolfgang Schur: Wenn E-Mails nerven, Stark Verlag

Exkurs: Wie wichtig ist E-Mail für einen Manager?

Unser beruflicher Alltag ist derart angefüllt mit Telefonaten, Besprechungen und E-Mails, dass sich kaum jemand seinen Job ohne diese Werkzeuge vorstellen kann. Deshalb scheint die Frage, wie wichtig das Medium E-Mail für einen Manager ist, zunächst nur eine Antwort zu kennen. Sehr wichtig! Doch MbE-Manager sehen das differenzierter.

MbE-Manager betrachten E-Mail als ein hervorragendes asynchrones Kommunikationswerkzeug, das vor allem für das operative Tagesgeschäft nützlich ist – also vor allem für Sachbearbeiter und Fachleute. Ein Managerjob besteht jedoch nur zu einem Teil aus standardisiertem Tagesgeschäft. Je höher ein Manager in der Hierarchie angesiedelt ist, desto weiter sollte er vom standardisierten Tagesgeschäft entfernt sein. Top-Manager sollten sich gar vollständig mit Strategie, Organisation und Beziehungsmanagement befassen und nur langfristig wichtige Einzelfälle behandeln. Das fällt schwer, wenn sie ständig per E-Mail mit dringendem Tagesgeschäft bombardiert werden.

Dem amerikanischen Präsidenten Eisenhower wird der Spruch nachgesagt, dass er wegen all den dringenden Dingen nie zu den wirklich wichtigen Dingen gekommen sei. Das sagte er zu einer Zeit, in der verhältnismäßig viele operative Informationen ausgefiltert wurden. Heute können dank E-Mail viel mehr Tagesproblematiken bis zu den Führungskräften durchdringen. Wenn die Führungskraft E-Mail einen zu großen Raum auf ihrem virtuellen Schreibtisch zugesteht, verwendet sie den größten Teil ihrer Zeit für das (vermeintlich) Dringende und kommt nie zum wirklich Wichtigen.

Prof. Donald E. Knuth von der Stanford University ist kein Manager. Aber er ist ein interessantes Beispiel. 1990 gab er seine E-Mail-Adresse nach 15-jähriger Nutzung auf. Dies erscheint in einem universitären Umfeld, in dem der freie Informationsaustausch noch wichtiger ist als in einem Unternehmen, ein sonderbarer Schritt zu sein. Seine Begründung spricht MbE-Managern aus der Seele. Er schreibt: "Email is a wonderful thing for people whose role in life is to be on top of things. But not for me; my role is to be on the bottom of things."[19]

Auch Top-Manager müssen in erster Linie "on the bottom of things" sein. Zudem müssen Top-Manager noch etwas anderes tun: Sie müssen profilierte Manager führen. Das geht nicht per „Anweisungs-E-Mail".

Fazit: Die Bedeutung, die E-Mail für einen MbE-Manager hat, variiert mit seiner Position in der Hierarchie. Für einen MbE-Gruppenleiter, der ins operative Geschäft eingebunden ist, ist E-Mail noch ziemlich wichtig. Für einen MbE-Bereichsleiter ist es schon unwichtiger und für einen MbE-Vorstand ist E-Mail eine Randerscheinung.

19 Frei übersetzt: „E-Mail ist wunderbar für Leute, deren Lebenszweck es ist, immer auf dem neuesten Stand der Dinge zu sein. Für mich ist es nichts, weil es meine Rolle ist, den Dingen auf den Grund zu gehen." Interessant ist auch seine Erfahrung aus der E-Mail-freien Arbeit: „I have been a happy man ever since … I no longer had an e-mail address."

Sofern Sie zum Top-Management gehören und E-Mail bislang wichtig nahmen, sollten Sie etwas über Ihren Job und über Professor Knuths Statement nachdenken.

Blackberry & Co

Die Meinungen zu Blackberry & Smartphones gehen weit auseinander. Menschen, die kein solches Gerät besitzen, nennen es häufig „Tamagotchi für Manager". Besitzer bezeichnen es dagegen mit überwältigender Mehrheit als entscheidendes Hilfsmittel bei ihrer täglichen Kommunikation.

Wie stehen MbE-Manager zu diesen mobilen Geräten? Zunächst einmal: Die meisten MbE-Manager besitzen ein e-mailfähiges Smartphone. Zweitens: Wir haben noch keinen MbE-Manager erlebt, der der Faszination dieses Spielzeugs für längere Zeit erlegen ist.

Wie häufig MbE-Manager die E-Mail-Funktion des Smartphones benutzen, ergibt sich in der Regel aus der Bedeutung, welche E-Mail für ihren jeweiligen Job hat (siehe vorheriger Abschnitt).

MbE-Manager lassen sich jedenfalls nicht dazu verführen, E-Mail nur deshalb häufiger zu nutzen, weil sie es dank des mobilen Geräts nun auch mitten in der Nacht auf der heimischen Toilette tun könnten. Sie wenden beim mobilen Lesen ihrer Nachrichten die gleichen Standards an wie beim E-Mail-lesen auf dem PC. Praktisch alle MbE-Manager deaktivieren den Blackberry (oder stellen ihn zumindest stumm) wenn sie mit Menschen interagieren – vor allem natürlich in Besprechungen.

Nahezu alle MbE-Manager ignorieren auch abends, am Wochenende und im Urlaub eingehende E-Mails. Viele schalten ihren Blackberry in der Freizeit ganz aus.

Hier einige Zitate von MbE-Managern zu den Blackberry-Gewohnheiten anderer Manager:

- „Und was nützen Ihnen diese Informationen in einem Monat?"

  (Bereichsleiter zu einem Kollegen, der am Flughafen stolz verkündete, dass er sich täglich per Blackberry die aktuellen Produktions- und Verkaufszahlen schicken lasse.)

- „Hat der seinen Laden so schlecht im Griff?"

  (Direktor zu einem Hauptabteilungsleiter, der erwähnte, dass einer seiner Abteilungsleiter auch während seines Urlaubs ständig per E-Mail eingebunden sei.)

- „Haben Sie die mindeste Ahnung, was Sie damit bei Ihren Mitarbeitern anstellen?"

  (Bereichsleiter zu seinem Reisegefährten, der während einer Zugfahrt zu nachtschlafender Zeit per Blackberry eine Salve von E-Mails losließ.)

- „Ich schalte den Quälgeist grundsätzlich ab. Sonst wäre ich versucht, einen Blick hineinzuwerfen."

  (Abteilungsleiter zu einem Kollegen auf dem Weg zu einem Meeting.)

Fazit: Ein Blackberry kann zweifellos sehr hilfreich sein. Doch die E-Mail-Funktion des Geräts kann auch dazu verführen, weniger wichtigen Dingen einen zu hohen Stellenwert einzuräumen und zu viel Zeit dafür zu opfern.

Tendenziell sollte mit zunehmender Hierarchieebene die Bedeutung der E-Mail-Funktion des Smartphones abnehmen und die Bedeutung seiner Telefonfunktion zunehmen.

Nutzen Sie die richtigen Arbeitstechniken

Verkaufsleiter S. erinnert sich an den Tag, an dem sich sein Verhältnis zu E-Mail vollkommen änderte: „Das E-Mail-System war ausgefallen und eine geschlagene Stunde lang wusste ich nichts Besseres zu tun, als ständig nachzusehen, ob das System wieder geht. Dann ging mir plötzlich auf, wie fixiert ich auf das Werkzeug war. In der nächsten Stunde habe ich E-Mail ignoriert und mehr geschafft als sonst am ganzen Vormittag."

Inzwischen haben Sie drei wichtige Säulen des professionellen und stressfreien Umgangs mit E-Mail kennengelernt:

1. E-Mail primär für die Kernaufgaben nutzen.
2. Sich helfen lassen.
3. E-Mail nur dann einsetzen, wenn dieses Medium für den jeweiligen Zweck gut geeignet ist.

Damit können wir nun zur letzten wichtigen Säule der persönlichen E-Mail-Produktivität kommen: Arbeits- und Organisationstechniken[20]. Während die drei ersten Säulen die Effektivität

20 Die hier skizzierten Arbeitsprinzipien sind in „Wenn E-Mails nerven" (Günter Weick/Wolfgang Schur, Stark Verlag) wesentlich detaillierter beschrieben. Dort finden Sie auch weitere Ratschläge und Best-Practices zur E-Mail-Effizienz.

der MbE-Manager bestimmen („Das Richtige tun!“), bestimmen die genutzten Arbeitstechniken deren Effizienz („Das, was man tut, richtig tun!“).

Gute Arbeitstechniken bringen Struktur und Ruhe in die E-Mail-Kommunikation. Durch sie wird die Führungskraft Herr über die Prozesse und nicht zu deren Diener.

Außerdem erhöhen Arbeitstechniken die Qualität der Kommunikation. Missverständnisse, Fehler und Konflikte sind bei guten Arbeitstechniken seltener. MbE-Manager sind dadurch wesentlich entspannter.

Folgende Arbeitsweisen machen MbE-Managern das Leben einfacher und sind auch von Ihnen umsetzbar:

- **Geben Sie E-Mail einen nachrangigen Stellenwert.** MbE-Manager sind aufgaben- oder personenorientiert, nicht aber werkzeugorientiert. Das äußert sich darin, wann und wie sie mit E-Mail arbeiten. Hierzu einige Verhaltensweisen:
    - MbE-Manager rufen E-Mails nicht während ihrer Freizeit ab. Feierabend, Wochenende und Urlaub sind für ihre Erholung bestimmt.
    - Die erste(n) Stunde(n) im Büro wird/werden häufig „e-mail-frei“ genommen, um an wichtigen Aufgaben zu arbeiten.
    - MbE-Manager stecken Blackberrys weg und klappen Notebooks zu, wenn jemand sie anspricht.
    - Der Schreibtischstuhl ist der Tür und damit dem Eintretenden zugewandt und nicht dem PC.
- **Setzen Sie sich Tagesziele.** MbE-Manager lassen sich nicht durch Dringendes von Wichtigem ablenken. Überlegen Sie auf dem Weg zur Arbeit, welche zwei Dinge Sie an diesem

Tag unbedingt erledigen wollen. Stellen Sie sich dazu folgende Fragen: „Wenn ich heute nur zu zwei Dingen käme, welche sollten das sein? Welche Aufgaben wirken sich auf meinen Auftrag als Manager am meisten aus? Welche bringen den größten Erfolg?“ Wenn möglich, erledigen Sie diese Aufgaben, bevor Sie zum ersten Mal in Ihren E-Mail-Eingang schauen. Selbst wenn Sie anschließend für den Rest des Tages im „E-Mail-Hamsterrad“ rotieren sollten und sich nur noch mit Dringendem beschäftigen können, so wissen Sie doch, dass das Wichtige erledigt ist. Dies befriedigt ungemein.

› **Regeln Sie Ihre E-Mail-Bearbeitung klar**. Alle MbE-Manager haben klare Bearbeitungsregeln, an die sie sich auch verlässlich halten. Die meisten würden Ihnen folgende Tipps geben:

- **Lesen Sie neu eintreffende E-Mails nie sofort.** Wer das tut, reißt sich viel zu häufig aus seiner aktuellen Aufgabe. Untersuchungen zeigen, dass ständige Unterberechungen die Produktivität senken, die Qualität reduzieren und langfristig die Wahrscheinlichkeit eines Burn-Outs erhöhen.[21] Selbst das kleine Benachrichtigungszeichen am Bildschirmrand reicht aus, um abzulenken. Deaktivieren Sie deshalb alle akustischen und optischen Signale, die eine neu eingetroffene E-Mail anzeigen – auch bei Ihrem Smartphone. Ändern Sie ferner die Standardanzeige Ihres E-Mail-Clients. Lassen Sie sich beim Start des E-Mail-Systems anstelle

21 Laut wissenschaftlichen Untersuchungen benötigt unser Gehirn schon nach einer kurzen Unterbrechung etwa 15 Minuten, bis es sich wieder voll auf die vorhandene Aufgabe konzentrieren kann. Der Konzentrationsaufbau strengt dabei mehr an als die konzentrierte Arbeit. Wer sich ständig unterbricht, läuft nur auf 80 Prozent seiner Kapazität – und das bei höherer mentaler Anstrengung.

des Posteingangs den Kalender oder Ihre Aufgabenliste anzeigen. So können neu eingetroffene E-Mails Sie nicht ablenken.

- **Definieren Sie feste Zeiten für die Postbearbeitung.** Zwei oder drei E-Mail-Bearbeitungstermine pro Tag sind für die meisten Managerjobs völlig ausreichend. Planen Sie für diese Termine jeweils 30 bis 40 Minuten ein, damit Sie zumindest die wichtigsten Nachrichten sofort erledigen können. Blockieren Sie diese Zeit möglichst in Ihrem Kalender. Sollten Sie einmal nicht ausreichend Zeit haben, lassen Sie die Postbearbeitung lieber einmal ausfallen als sich unnötig zu hetzen.

› **Fassen Sie jede E-Mail so selten an wie möglich.** Alles was Sie in drei Minuten erledigen können, sollten Sie entweder sofort erledigen – oder einfach löschen.

Um möglichst viele Vorgänge sofort abschließen zu können, lesen viele MbE-Manager ausschließlich E-Mails, die bereits von ihrer Assistenz vorgesichtet und kommentiert wurden. Sie brauchen deshalb beispielsweise nicht mehr nach (in der Original-E-Mail) fehlenden Informationen zu fragen, sondern erledigen den Fall (dank der Ergänzungen der Assistenz) sofort.

› **Bringen Sie jede neu eingegangene E-Mail in einen neuen Status**. Wenn Sie eine E-Mail anfassen, muss diese in der Wertschöpfungskette einen Schritt nach vorne tun. Eine neu eingetroffene E-Mail muss nach dem Lesen eines der folgenden **GEDI**-Stadien haben:

- **G**elöscht: E-Mails, die Sie nicht mehr benötigen.
- **E**rledigt und abgelegt: E-Mails, bei denen keine weiteren Maßnahmen (mehr) nötig sind.
- **D**elegiert: E-Mails, die Sie zur Erledigung an andere weitergegeben haben.
- **I**m Workflow: E-Mails, die Sie nicht gemäß der Drei-Minuten-Regel bearbeiten konnten oder bei denen Sie auf Informationen warten.

› **Ihr Posteingang muss mindestens einmal pro Tag leer sein.** Ein leergeräumter Posteingang gibt das befriedigende Gefühl der Kontrolle. Alles, was nicht sofort abschließend bearbeitet werden kann, findet sich in der Terminverfolgung der Assistenz oder wird mit den entsprechenden elektronischen Helfern des E-Mail-Systems verwaltet. Auf keinen Fall dürfen Sie den Posteingang dazu benutzen, um gelesene aber noch offene Vorgänge zu verwalten.

› **Schreiben Sie kurze, fokussierte E-Mails.** Jede Ihrer E-Mails sollte möglichst nur ein Thema enthalten. Das macht die E-Mails nicht nur kürzer, sondern erleichtert Ihnen und den Empfängern auch die Verwaltung offener Vorgänge. Die Betreffzeile muss die Hauptbotschaft wiedergeben. Der Text selbst ist kurz und prägnant. Er muss dem *An*-Empfänger klar sagen, was Sie von ihm bis wann erwarten. Ferner muss der Text alle Informationen enthalten, die für den Empfänger notwendig sind, um Ihre Anforderung ohne weitere Rückfragen erfüllen zu können.

› **Halten Sie die Verteiler klein.** Es gibt einen klaren Zusammenhang zwischen der Anzahl der Menschen, denen man selbst eine E-Mail sendet und der Anzahl der E-Mails, die man selbst erhält. Je mehr Personen Sie anschreiben, desto mehr Antworten bekommen Sie zurück. MbE-Manager halten sich allein dadurch viele unwichtige Eingangs-E-Mails vom Hals, indem sie für jede ausgehende E-Mail den kleinstmöglichen Verteiler wählen.

› **Nutzen Sie die Funktionalität des E-Mail-Systems.** In den vergangenen zehn Jahren sind die E-Mail-Clients viel leistungsfähiger geworden. Fortschrittliche Funktionen (Regeln, automatische Formatierungen, Vorlagen, Aufgaben, Nachverfolgung, virtuelle Ordner etc.) erleichtern die E-Mail-Bearbeitung und vor allem die Verwaltung offener E-Mails dramatisch. Trotzdem nutzen viele Manager noch immer vorrangig jene E-Mail-Funktionen, die bereits in den neunziger Jahren des vergangenen Jahrtausends verfügbar waren. Das ist in etwa so sinnvoll, als würden wir unsere Autos trotz Elektrostarter noch mit der Kurbel starten.

Viele MbE-Manager lassen die mächtigen Organisationswerkzeuge der modernen E-Mail-Clients für sich arbeiten. Allerdings eignen sich die wenigsten das Wissen selbst an. Die meisten sorgen lediglich dafür, dass Ihre Assistenz entsprechend ausgebildet ist und dann die relevanten Techniken in die tägliche Zusammenarbeit einführt.

› **Blockieren Sie sich Zeiten im Kalender.** Praktisch alle modernen E-Mail-Clients bieten auch einen Kalender. Alle Berechtigten können ihn einsehen und für Terminanfragen nutzen. Wer nicht aufpasst, verliert allerdings schnell die Hoheit über seine eigene Zeit. Er wird von anderen derart zugebucht, dass er seine Kernfunktionen in jene Zeitscheiben pressen muss, die ihm die anderen übriglassen. Oft bleiben sogar wichtige Dinge unerledigt, weil einfach die Zeit dazu fehlt. Das stresst und macht unzufrieden.

MbE-Manager wirken dem entgegen. Sie blockieren im Kalender von vornherein Zeiten für sich selbst. Diese Termine mit sich selbst tragen sie beispielsweise für die Bearbeitung ihrer E-Mails oder für ihre Kernfunktionen ein. So stellen sie sicher, dass sie genügend Zeit für ihre wichtigen Aufgaben haben. Nur der verbleibende Rest steht Kollegen und Mitarbeitern zur Verfügung.

Exkurs: Der Chef tippt selbst

Noch vor 20 Jahren undenkbar, heute selbstverständlich: Ranghohe Manager greifen selbst zur Tastatur, um sich schriftlich mitzuteilen.

Die meisten Manager haben allerdings nie gelernt, mit zehn Fingern zu tippen. Unter Managern ist deshalb das „Zwei-Finger-Suchsystem" noch weit verbreitet.

Das Zweifingersystem wirkt auf den ersten Blick sehr flott, ist aber in Wirklichkeit vergleichsweise langsam und fehleranfällig. Solange ein Manager lediglich einige Minuten pro Tag tippt, ist das kein Thema. Schreibt er dagegen mehr, muss er sich fragen, ob das Zweifingersystem wirklich wirtschaftlich ist.

Laut Untersuchungen verbringen deutsche Manager täglich durchschnittlich eineinhalb Stunden mit E-Mail. Davon dürfte ungefähr die Hälfte für das Schreiben verwendet werden, also 45 Minuten. Manager, die das Zehnfingerschreiben beherrschen, sind um mindestens 20 Prozent[22] schneller als die Kollegen mit den flinken zwei Fingern. Sie tippen also neun Minuten pro Arbeitstag weniger. Damit haben sie pro Jahr 30 Stunden mehr Zeit für andere Aufgaben. Betrachtet man das restliche Arbeitsleben, sparen sie sich sogar 60 Arbeitstage[23].

In Anbetracht des schnellen Return-on-Investment müsste jeder Manager schnellstmöglich einen Zehnfingerschreibkurs machen. Unserer Erfahrung nach scheuen aber selbst MbE-Manager davor zurück, sich mit so etwas Trivialem wie dem Zehnfingerschreiben zu beschäftigen. Lieber tippen sie weniger und gehen wieder dazu über zu diktieren. Insgesamt können wir trotzdem nur jedem Manager empfehlen, die richtige Bedienung einer Tastatur zu erlernen.

Der Grund liegt nicht nur in der Zeitersparnis sondern auch darin, welches Vorbild der Manager seinen Mitarbeitern gibt. Von diesen erwarten Manager ja, dass sie ihre Hauptwerkzeuge aus dem „FF“ beherrschen, vom Lastwagenfahrer genauso wie vom Dreher, vom Grafiker genauso wie vom Sachbearbeiter. Welchen Eindruck erweckt es wohl bei den Mitarbeitern, wenn ausgerechnet der Manager bei seinem Hauptkommunikationswerkzeug herumstümpert? Da passiert bei den Mitarbeitern dann schnell die psychologische Übertragung: „Wenn er nicht einmal richtig tippen kann, wird es mit dem Rest wohl auch nicht so weit her sein.“

22 Der Geschwindigkeitsgewinn wird teilweise wesentlich höher angegeben. Doch schon bei einem sehr konservativen Ansatz ergeben sich nennenswerte Einsparpotentiale.

23 Bei 200 Arbeitstagen á 10 Stunden pro Jahr und einer Restarbeitszeit von 20 Jahren.

Der Aufwand für das Erlernen des Zehnfingerschreibens ist nicht so groß, wie von vielen befürchtet wird. Kurse gibt es von verschiedenen Trainingsanbietern, aber auch in Form von Selbstlernsoftware. Manche Trainingskonzepte versprechen den Lernerfolg bereits nach wenigen Stunden Training.

Zusammenfassung Teil 1

Damit haben wir das Ende des Abschnitts „Selbstmanagement" erreicht. In diesem Teil ging es primär um Sie selbst. Sie haben erfahren, was Sie tun können, um E-Mail so zu nutzen, dass dies für Sie effektiv, effizient und auch entspannt ist.

Zur Erinnerung noch einmal die wichtigsten Punkte:

- **Manager oder Sachbearbeiter?** Diese Entscheidung müssen Sie für sich treffen. Als Manager darf der Anteil Ihrer eigenen operativen Tätigkeit (und damit Ihrer operativen E-Mails) nie so groß werden, dass sich die Frage stellt, was Sie denn nun seien. Führungskraft? Oder Sachbearbeiter?
- **E-Mail-Volumen auf ein förderliches Maß beschränken.** Wer in seiner Funktion als Manager über 40 E-Mails pro Tag erhält und bearbeitet, macht in der Regel etwas falsch. Information ist zwar sehr schön, kann aber Wichtigem im Weg stehen. Deshalb ist vor allem die reine Information per E-Mail gut zu organisieren. Interne *Cc*-Kopien sollten Sie erst gar nicht lesen. Ein knappes Berichtswesen ersetzt hunderte von *Cc*-Kopien.

- **Hilfe bei der E-Mail-Bearbeitung organisieren.** E-Mail-Bearbeitung ist zum überwiegenden Teil eine Tätigkeit, für die Sie schlichtweg zu hoch bezahlt sind. Schaffen Sie sich den Rücken frei, indem Sie mit einer Assistenz eine für Ihren Job optimale Arbeitsteilung definieren. Etablieren Sie einen Stellvertreter für Abwesenheiten. Nutzen Sie elektronische Hilfsmittel. So müssen Sie die Tätigkeiten mit der geringen Wertschöpfung nicht mehr in Ihrer Freizeit erledigen.

- **E-Mails zu Führungskernfunktionen sollten den Löwenanteil der E-Mails ausmachen.** E-Mail ist ein guter Gradmesser dafür, wofür wir unsere Zeit verwenden. Wer seine Zeit auf Nebenkriegsschauplätzen verschwendet, dem fehlt sie, um die wirklich wichtigen Schlachten zu schlagen. Lassen Sie Ihre Assistenz die unwichtigen E-Mails erledigen, so dass Sie sich auf die wirklich wichtigen konzentrieren können.

- **Mitarbeiter ihren Job tun lassen.** Sie haben Ihren Job und Ihre Mitarbeiter den ihren. Lassen Sie sich nicht per E-Mail unbotmäßig in die Aufgaben der Mitarbeiter hineinziehen. Unterbinden Sie vor allem alle Absicherungsspielchen. Das spart Ihnen viel Zeit und Stress.

- **Ad-hoc-Fallen vermeiden.** Regeln Sie nur Einzelfälle per E-Mail. Sobald mehrmals der gleiche Handlungsbedarf auftaucht, sollte dieser grundsätzlich gelöst werden. Sorgen Sie dafür, dass die Mitarbeiter die notwendigen Fähigkeiten, Werkzeuge und Kompetenzen haben, um ihren Job zu tun. Die Leistungserstellung wird besser und wesentlich entspannter.

- **E-Mail dort anwenden, wo es stark ist.** E-Mail ist keine Allzweckwaffe, sondern ein Werkzeug, das seine Stärken und Beschränkungen hat. Nutzen Sie E-Mail dort, wo es sich um "Business as usual" mit einfachen Sachverhalten handelt, die weder dringend noch konfliktbeladen sind. Kommunikation, bei der es primär um den Menschen geht oder die man nicht schriftlich dokumentieren möchte, gehören auf keinen Fall in eine E-Mail.

- **E-Mail keinen zu hohen Stellenwert einräumen.** E-Mail ist lediglich ein Werkzeug. Unser Daseinszweck ist nicht, es zu bedienen. Sonst würden wir „E-Mailer" und nicht „Manager" heißen. Weil E-Mail durchaus Suchtpotential hat, müssen wir dieser Versuchung widerstehen. Wer in der arbeitsfreien Zeit von zu Hause aus und im Urlaub E-Mails abruft, muss sich fragen, ob er dem Werkzeug nicht zu viel Aufmerksamkeit schenkt. Wer sich Tagesziele setzt und diese kontinuierlich erreicht, kann gut und gerne den größten Teil seiner Eingangs-E-Mails ignorieren.

- **E-Mail-Bearbeitung organisieren.** Lassen Sie sich nicht von E-Mail treiben. Bearbeiten Sie E-Mails strukturiert. Sichten Sie neu eingegangene E-Mails nur zwei- bis dreimal pro Tag – idealerweise zu fest definierten Zeiten, die Sie sich im Kalender reserviert haben. Nehmen Sie jede E-Mail möglichst nur ein einziges Mal in die Hand und sorgen Sie dafür, dass Ihr Posteingang mindestens einmal am Tag leer ist.

- **Das Werkzeug beherrschen.** Lassen Sie die modernen Funktionen Ihres E-Mail-Systems für sich arbeiten. Wer sich ausschließlich auf E-Mail-Funktionen stützt, die es schon vor zehn Jahren gab, verschwendet Zeit. Zehnfingerschreiber gewinnen zusätzlich jährlich mehrere Arbeitstage – und die Achtung ihrer Mitarbeiter.

Sofern Sie auch nur einen Teil der in dieser Sektion gemachten Vorschläge umsetzen, werden sich Ihr E-Mail-Aufkommen sowie dessen Struktur deutlich ändern. Machen Sie die Probe.

Teil 2
Mitarbeiterführung

Weshalb Sie das E-Mail-Verhalten Ihrer Mitarbeiter interessieren sollte

„E-Mail is dangerous.
It gives us a feeling of action – even if nothing is happening."
Sir Bob Geldorf

Im ersten Teil dieses Buches haben wir beschrieben, wie Führungskräfte E-Mail effektiver und effizienter nutzen können. Das ist gut und zweifellos nützlich. Viel wichtiger ist allerdings, dass die Führungskräfte ihre Mitarbeiter produktiv machen. [24]

In den vergangenen Jahren hat das Management das Thema E-Mail weitgehend ignoriert. Damit hat E-Mail eine einzigartige Stellung im Unternehmen. Es gibt kein anderes zentrales Werkzeug, bei dem das Unternehmen derart wenig regelnd eingegriffen hat wie bei E-Mail. [25]

Das Ergebnis ist, dass heute jeder einzelne Mitarbeiter E-Mail so nutzt, wie er persönlich es für richtig hält. Das ist zunächst einmal nicht schlecht. Solange die Eigenorganisation der Mitarbeiter gute Ergebnisse erzielt, ist jeder Manager sogar gut beraten, sich nicht einzumischen.

Unglücklicherweise geht es den Mitarbeitern aber ebenso wie den Managern. Die Arbeitstechniken, die in Zeiten geringen E-Mail-Verkehrs entwickelt wurden, sind heute – in Zeiten der

24 Um es überspitzt zu sagen: Solange das Team eines Managers motiviert und schlagkräftig ist, kann ein Unternehmen sogar damit leben, wenn der Manager umständlich und langsam mit E-Mail umgeht.

25 Viele Unternehmen haben E-Mail-Richtlinien. Doch in den meisten Fällen sind die das Papier nicht wert, auf dem sie stehen. Ihnen fehlt die Unterstützung des Managements.

E-Mail-Flut – weitgehend ungeeignet und oft sogar schädlich. Die negativen Auswirkungen der Jeder-macht-was-er-will-Praxis treffen sowohl die Unternehmen als auch die Mitarbeiter.

Folgende Risiken liegen in einem ungesteuerten Einsatz von E-Mail:

- **Verlust von Arbeitszeit.** Wenn Mitarbeiter E-Mail nach eigenem Gusto nutzen, besteht zunächst einmal natürlich die Gefahr, dass viele Mitarbeiter dies falsch oder zumindest ineffizient tun. Das führt zu Verschwendung von Arbeitszeit. Beratungsgesellschaften beziffern den Wert der durch E-Mail verlorenen Arbeitszeit auf mehrere Milliarden Dollar jährlich.

- **Es kommt zu Fehlern und Missverständnissen.** E-Mail ist kommunikationstechnisch gesehen ärmer als andere Kommunikationsmittel. Deshalb kommt es bei falscher Nutzung verstärkt zu fachlichen Fehlern und Missverständnissen. Aber auch zwischenmenschliche Kommunikationsunfälle, die zu unnötigen Konflikten führen, sind per E-Mail viel wahrscheinlicher.

- **Vieles dauert länger.** Dort, wo E-Mail ungeeignet ist, dauern die Geschäftsvorfälle viel länger als notwendig und erfordern auch mehr Aufwand. Ein Thema, das bei einer Besprechung in 15 Minuten vom Tisch ist, kann sich per E-Mail-Diskussion über zwei Wochen hinziehen.

- **Bestehende Prozesse werden umgangen.** Hierarchien und Strukturen werden geschleift. Mitarbeiter gehen per E-Mail den „kleinen Dienstweg“ statt sich an die Regeln zu halten. Das mag im Einzelfall schneller gehen, in Summe gehen diese Abkürzungen jedoch zu Lasten von Zuverlässigkeit und Qualität – und kosten in der Folge Geld.

- **Ad-hoc ersetzt Organisation.** Anstatt richtig in Prozesse organisiert zu werden, wird vieles immer wieder als Einzelfall behandelt. Das ist aufwendig und fehleranfällig.
- **Das Gefühl für Prioritäten geht verloren.** Das dringende Kleine im Posteingang wird den Mitarbeitern wichtiger als das wirklich wichtige (aber nicht dringende) Große. Wichtiges bleibt liegen. Die Wettbewerbsfähigkeit wird geschwächt.
- **Aufgaben werden weitergeschoben anstatt erledigt.** Mitarbeiter wollen E-Mails in allererster Linie schnell vom Tisch bekommen. Statt die Aufgabe richtig zu erledigen (was etwas Zeit kostet), fragen sie lieber schnell noch einmal nach (was schnell geht) oder sie liefern *Quick-and-Dirty*-Lösungen ab. Damit haben sie den Vorgang wieder für einige Zeit aus den Augen.
- **Es besteht die Gefahr, die Realität zu verkennen.** Schnell verwechseln Mitarbeiter „e-mailen" mit „arbeiten". Sie schicken hunderte von E-Mails durch die Gegend, und glauben, sie hätten ihren Job getan. Dabei haben sie kaum etwas erreicht und im Prinzip nur andere vom Arbeiten abgehalten.
- **Initiative geht verloren.** Wer den ganzen Tag hauptsächlich damit verbringt, auf eingehende E-Mails zu *reagieren*, verliert nach und nach die Fähigkeit, von sich aus aktiv zu *agieren*. Wenn viele Mitarbeiter in erster Linie darauf warten, welche Aufgabe das E-Mail-System ihnen als nächstes liefert, geht das an die Grundfesten der Wettbewerbsfähigkeit des Unternehmens.
- **Mentale Ermüdung.** Wer sich von E-Mail treiben lässt, ermüdet schnell mental. In den USA wird die zunehmen-

de Anzahl von Burn-Out-Fällen und erwachsenen ADS-Patienten nicht zuletzt auf die ständigen Unterbrechungen (auch) durch E-Mail zurückgeführt.

- **Gefahr der Selbstausbeutung.** E-Mail hat Suchtpotential. Solange Mitarbeiter keine Hilfestellung erhalten, besteht die massive Gefahr, dass sie ihr Leben um E-Mail herum organisieren und beispielsweise E-Mails auch an Wochenenden und im Urlaub bearbeiten. Der zusätzliche Arbeitseinsatz mag kurzfristig im Interesse des Unternehmens sein. Langfristig fehlen wichtige Erholungsphasen. Die Mitarbeiter leisten so während der regulären Arbeitszeit weniger und ermüden schneller.

- **Soziale Kompetenz nimmt ab.** Laut Soziologen und Psychologen verlieren jene Menschen, die vor allem elektronisch kommunizieren, die Fähigkeit (und das Interesse), sich mit Personen direkt auseinanderzusetzen. Vor allem bei Schwierigem verschanzen sie sich gerne hinter E-Mail. Das ist für die Betroffenen eine soziale Verarmung. Dem Unternehmen nimmt es Agilität.

In Anbetracht der teilweise massiven Nachteile kommen Manager nicht daran vorbei, sich in die E-Mail-Praxis ihrer Mitarbeiter einzumischen. Dieser Einmischung liegen drei unterschiedliche Motivationen zu Grunde:

1. **Schaden vom Unternehmen fernhalten.** Indem der MbE-Manager regulierend eingreift, verhindert er, dass Mitarbeiter durch ihr E-Mail-Verhalten das Unternehmen kurz-, mittel- oder langfristig schwächen.

2. **Wettbewerbsvorteile schaffen.** Wenn die Mitarbeiter besser mit E-Mail umgehen können als ihre Kollegen bei den Mitbe-

werbern, schafft sich das Unternehmen Wettbewerbsvorteile. Die Arbeitszeit wird für das wirklich Wichtige genutzt, die Mitarbeiter sind fokussierter, agiler und offener.

3. **Mitarbeiter schützen.** Nicht jeder Mitarbeiter ist reif genug, um zu erkennen, welche negativen Folgen ein zügelloser E-Mail-Konsum mittel- und langfristig für die eigene Person haben kann – zumal E-Mail Suchtcharakter haben kann und davon betroffene Mitarbeiter deshalb keine Einsichtsbereitschaft haben. Hier ist die Fürsorgepflicht des Vorgesetzten gefordert. Die Situation ist vergleichbar mit dem Umgang mit Röntgenstrahlen: Auch wenn die Mitarbeiter der Meinung sein sollten, dass sie sich Röntgenstrahlen ungeschützt aussetzen könnten, weil „man ja nichts spüre", so ist es doch die Pflicht des Managers, dafür zu sorgen, dass Schutzvorrichtungen vorhanden sind und auch von den Mitarbeitern genutzt werden.

Idealerweise braucht sich ein Manager nicht selbst um alles zu kümmern – nämlich dann, wenn das Unternehmen eine für sich passende E-Mail-Kultur definiert und etabliert.[26] Sofern eine solche Ziel-Kultur in Ihrem Unternehmen nicht besteht und Sie nicht in der Position sind, für deren Definition zu sorgen, müssen Sie für Ihren Verantwortungsbereich einen Alleingang unternehmen. MbE-Manager haben das traditionell schon immer getan.

26 Bereits 2008 wünschten sich 54 Prozent der deutschen Angestellten von ihrem Arbeitgeber Hilfestellung (laut BITKOM).

Ihre Rolle

G. arbeitet in der Personalabteilung eines amerikanischen Konzerns. Jahrelang rief sie ihre E-Mails abends von Zuhause aus und am Wochenende ab. Als ein externer Personalchef den bisherigen Stelleninhaber ersetzte, war dies für G. sofort anhand ihres Posteingangs spürbar: „Keine Chef-E-Mails mehr am Wochenende oder Abend. Und tagsüber etwa 30 Prozent weniger als früher. Ich bin entspannter und schaffe viel mehr."

Ob es uns gefällt oder nicht, an der mangelhaften E-Mail-Nutzung unserer Mitarbeiter sind wir Manager mitschuldig. Wir haben ihnen kaum Hilfestellungen gegeben und waren auch als Vorbild oft nicht ideal.

„Der Fisch stinkt vom Kopf her", sagt man, um anzudeuten, dass sich ein schlechtes Vorbild in der Führungsetage schnell auf das ganze Unternehmen ausbreitet. Glücklicherweise gilt das Gleiche für positive Vorbilder. Verhält sich das Management vorbildlich, wirkt sich dies positiv auf seinen ganzen Verantwortungsbereich aus.

Diese Wirkung kann man bei den Mitarbeitern von MbE-Managern beobachten. Sie nutzen E-Mail wesentlich effizienter als die Mitarbeiter anderer Manager. Deutlich wird es auch bei Managementwechseln. Wenn der neue Chef aus einem Unternehmen mit einer effizienten E-Mail-Kultur kommt, verbessert sich das E-Mail-Verhalten seines Zuständigkeitsbereichs deutlich.

Auch Ihr (hoffentlich!) geändertes und nunmehr effektiveres, effizienteres und professionelleres E-Mail-Verhalten wird zwangsweise auf Ihre Mitarbeiter ausstrahlen.

Offen gestanden beschränken sich viele MbE-Manager auf ihre Vorbildfunktion. Manche ergreifen darüber hinaus einige wenige Maßnahmen, um ihre Mitarbeiter produktiver und professioneller zu machen. Nur ein kleinerer Teil arbeitet systematisch an dieser Aufgabe. Im Folgenden werden wir diese systematisch arbeitenden MbE-Manager als Vorbild heranziehen.

Es ist für einen MbE-Manager nicht einfach, das E-Mail-Verhalten seiner Mitarbeiter über das *Ich-schau-mir-das-von-meinem-Chef-ab*-Niveau anzuheben. Schließlich hat jeder einzelne Mitarbeiter seine bisherige E-Mail-Praxis selbst entwickelt. Sie ist also sein „eigenes Baby". Und als wäre das noch nicht schlimm genug: Die meisten Mitarbeiter hatten fünf bis 15 Jahre Zeit, diese selbstentwickelten Vorgehensweisen fest einzuschleifen. Um diese festgefahrenen Muster aufzubrechen und umfassend zu ändern, muss deshalb erhebliche Energie eingesetzt werden – vor allem natürlich zu Beginn des Änderungsprozesses.

In den folgenden Kapiteln behandeln wir, welche „Stellschrauben" MbE-Manager nutzen. Manche der Tipps überschneiden sich mit Tipps, die wir Ihnen bereits zu Ihrer persönlichen E-Mail-Effizienz gegeben haben. Wir werden in diesen Fällen dann primär die Mitarbeiter- und Unternehmenssicht darstellen.

Positionieren Sie E-Mail

MbE-Manager sagen ihren Mitarbeitern wann, wofür und wie sie E-Mail einsetzen sollen. Das ist die allerwichtigste Aufgabe. Die Mitarbeiter haben einen Anspruch darauf, zu wissen, was ihr Manager von ihnen erwartet.

› **E-Mail ist Mittel zum Zweck.** So trivial es erscheint, so wichtig ist es: Machen Sie Ihren Mitarbeitern unmissverständlich klar, dass sie nicht dafür bezahlt werden, E-Mails zu bearbeiten.

  E-Mail ist kein Selbstzweck. Vielen Mitarbeitern ist das nicht mehr bewusst. Sie glauben allen Ernstes, etwas zu leisten, nur weil sie jeden Tag 150 E-Mails bewegen. Doch dafür wird niemand eingestellt.

  Um den Mitarbeitern die Prioritäten klar zu machen, stellen MbE-Manager in ihrer Kommunikation die Aufgabe in den Mittelpunkt und spielen das Werkzeug E-Mail eher herunter.

  - Wenn ein Mitarbeiter über zu viele E-Mails klagt, fragt der MbE-Vorgesetzte: *„Wie viele davon sind notwendig, um Ihren Job zu machen?"*
  - MbE-Manager beziehen sich bei ihren Äußerungen nicht auf das Medium E-Mail, sondern auf die Aufgabe. Sie fragen nicht: *„Haben Sie die E-Mail von Müller & Co beantwortet?"*, sondern formulieren: *„Ist die Reklamation von Müller & Co erledigt?"*
  - *„Ich muss noch auf eine E-Mail-Antwort warten"* gilt für MbE-Manager nicht als akzeptable Ausrede. Sie fragen darauf: *„Haben Sie dort schon angerufen?"*

- *„Ich schreibe gleich eine E-Mail!"* ist für einen MbE-Manager keine befriedigende Antwort, wenn es um Dringendes geht. *„Rufen Sie an – oder noch besser: Gehen Sie gleich in sein Büro!"* sind die Anweisungen.
- *„Warum haben Sie hier eine E-Mail geschrieben?"*, fragt ein MbE-Manager, wenn er der Meinung ist, dass diese E-Mail absolut unnötig (oder für den Zweck ungeeignet) ist.

› **E-Mail ist nicht für alles gleich gut geeignet.** MbE-Manager sagen ihren Mitarbeitern, wann sie E-Mail nicht einsetzen sollten, weil das Werkzeug für diesen Verwendungszweck nicht ideal ist.

Die genaue Definition hängt natürlich von der konkreten Aufgabe des jeweiligen Bereichs ab. In der Regel sind aber die Kriterien, die wir im Selbstmanagement-Teil dieses Buches behandelt haben, eine gute Hilfestellung [27].

27 Es handelt sich um eine Standardaufgabe mit einfachen, nicht dringenden Sachverhalten. Die Kommunikation ist aufgabenorientiert und birgt kein Konfliktpotential. Schriftlichkeit ist gewünscht – zumindest in keinem dieser Fälle kann sie schaden.

Definieren Sie Rahmenbedingungen

50 Prozent der amerikanischen Angestellten glauben, auf eine E-Mail innerhalb von drei Stunden antworten zu müssen. Fünf Prozent glauben, innerhalb von fünf Minuten antworten zu müssen.

Eine eingehende E-Mail ist zunächst einmal nichts anderes als ein Ressourcenschlucker. Sie verbraucht Arbeitszeit beim Lesen. Viel mehr Arbeitszeit verbraucht sie aber, wenn der Empfänger das tut, was der Absender von ihm möchte.

MbE-Manager sehen nicht ein, dass ein beliebiger E-Mail-Absender über die Arbeitszeit und Prioritäten ihrer Mitarbeiter bestimmen kann. Deshalb geben sie ihren Mitarbeitern Rahmenbedingungen, wie mit eingehenden E-Mails umgegangen werden soll.

Hier sind die drei Rahmenbedingungen, die praktisch alle MbE-Manager ihren Mitarbeitern bezüglich eingehenden E-Mails setzen:

- **Latenzzeit.** Die Latenzzeit ist der Zeitraum, der zwischen dem Eintreffen einer E-Mail und ihrem erstmaligen Lesen liegen darf. Die Latenzzeit bestimmt, welchen Termindruck E-Mail auf die Mitarbeiter ausübt. Die Latenzzeit definiert letztendlich auch, wie oft Mitarbeiter den Posteingang sichten *müssen.*

  Eine Latenzzeit von zwei Arbeitsstunden gibt E-Mail einen sehr hohen Stellenwert und zwingt die Mitarbeiter, ihre E-Mails mindestens fünfmal pro Tag zu lesen. Eine Latenzzeit von drei Arbeitstagen signalisiert dagegen, dass E-Mail als vollkommen unwichtig angesehen wird.

MbE-Manager geben ihren Mitarbeitern in der Regel Latenzzeiten von einem Arbeitstag und länger vor. Damit erhalten die Mitarbeiter die Chance, sich ihre Arbeit so einzuteilen, wie es für ihre Funktion am besten passt.

Natürlich bedeutet eine eintägige Latenzzeit nicht, dass der Mitarbeiter seine E-Mails nur einmal pro Arbeitstag sichten *darf*. Sie bestimmt lediglich, dass er sie nicht öfter als einmal pro Tag lesen *muss*.

- **Löschrecht.** Wer glaubt, alle Eingangs-E-Mails sorgfältig lesen zu müssen, verschwendet Zeit. MbE-Manager sagen ihren Mitarbeitern deshalb, welche E-Mails sie ohne sie zu lesen löschen dürfen. Das betrifft beispielsweise „Interne E-Mails ohne Betreffzeile", „Interne *Cc*-E-Mails" etc. Vor allem das Recht, interne *Cc*-E-Mails ungelesen löschen zu dürfen, reduziert die Arbeitslast für die Mitarbeiter deutlich.

- **Gewünschte Reaktion.** Mitarbeiter von MbE-Managern wissen auch, in welchen Fällen sie auf eine gelesene E-Mail nicht zu antworten brauchen – selbst wenn der Absender auf eine Antwort wartet. [28] Es gibt Vorgesetzte, die ihren Mitarbeitern sagen, dass sie folgende E-Mails ungestraft ignorieren können: unhöfliche E-Mails oder E-Mails, in denen der Absender eine Anforderung an mehrere Personen stellt, obwohl es reichen würde, einen einzelnen anzusprechen.

28 Die Presseabteilung von Apple ist dafür bekannt, dass sie E-Mails von Journalisten nicht beantwortet. Der Gründer von Apple, Steve Jobs, hält das auch für vollkommen richtig. Die Kommunikation mit Journalisten gehöre nicht zu den Kernzielen von Apple, meint er. Man kann darüber streiten, ob diese Praxis richtig oder falsch ist. Sie zeigt jedenfalls System und kristallklaren Fokus.

MbE-Manager legen ferner fest, ob ein Zwischenstatus gemailt werden sollte – und wenn ja, innerhalb welcher Zeit.

Die drei Elemente „Latenzzeit", „Löschrecht" und „Gewünschte Reaktionen" setzen Rahmenbedingungen, innerhalb derer sich Mitarbeiter selbst organisieren können. Sie geben den Mitarbeitern Sicherheit und verhindern, dass sie sich selbst unnötig Stress aussetzen.

Viele MbE-Manager geben ihren Mitarbeitern noch zwei weitere Rahmenbedingungen mit auf den Weg:

- **Umgang mit privaten E-Mails.** Für Mitarbeiter ist eine wichtige Rahmenbedingung, ob sie die geschäftliche E-Mail-Adresse für private E-Mails nutzen dürfen oder nicht.

  Je niedriger MbE-Manager in der Hierarchie angeordnet sind, desto eher tolerieren sie die private Nutzung. In einer Zeit, in der Privat- und Berufsleben zunehmen verschwimmen, erscheint ihnen dieses kleine Entgegenkommen angemessen.

  MbE-Manager, die auf Geschäftsleitungsebene angesiedelt sind, verbieten dagegen häufig private E-Mails. Das hat fast ausschließlich damit zu tun, dass sie als die offiziellen Unternehmensvertreter nicht mit dem Gesetz in Konflikt geraten möchten. Für Unternehmen, die private E-Mails auf ihren Systemen zulassen, gilt nämlich (in Deutschland) das Telekommunikationsgesetz. Und das verbietet Unternehmen unter Strafandrohung, auf eine Mailbox zuzugreifen, solange nicht die schriftliche Erlaubnis des Inhabers vorliegt. Selbst wenn dieser im Urlaub, krank, ausgeschieden oder gar verstorben ist.

In der Regel erlauben MbE-Geschäftsführer einen Kompromiss: Sie verbieten private E-Mails über die Firmen- E-Mail-Adresse. Gleichzeitig erlauben sie den Mitarbeitern, während der Arbeitszeit ihre private E-Mailbox über das Internet abzurufen. Das ist zwar etwas umständlicher, gibt aber den Mitarbeitern zusätzlich die Sicherheit, dass ihre privaten E-Mails wirklich privat bleiben.

- **Vollständige E-Mails.** E-Mails tendieren dazu, immer kürzer zu werden. Einige amerikanische Autoren sehen E-Mail gar in einer vollkommen neuen Form der geschäftlichen Kommunikation, der maximal nur fünf Sätze (oder gar die Twitter-Länge von 140 Zeichen) zugestanden werden sollen.

  MbE-Manager glauben nicht an die Mininachrichten. Sie denken, dass die meisten Wirklichkeiten im Wirtschaftsleben zu komplex sind, als dass man sie in wenigen Zeichen ausdrücken könnte. Sie bevorzugen E-Mails, die so ausführlich sind, dass der Empfänger alle Informationen hat, um seine Aufgabe wahrzunehmen. Die Texte sollen also so lang sein wie nötig – aber auch nicht länger.

Statten Sie Mitarbeiter richtig aus

Wenn man bedenkt, wie wichtig E-Mail für die geschäftliche Kommunikation ist, verwundert es, wie schlecht häufig die Mitarbeiter ausgerüstet sind. MbE-Manager statten ihre Mitarbeiter vernünftig aus. Allein dadurch sind diese deutlich produktiver als ihre Kollegen, die nicht von MbE-Managern geführt werden.

Arbeitsplatzrechner

> ***„Morgens läuft die ersten 20 Minuten im Büro gar nichts. So lange braucht mein Rechner zum Booten."***
>
> **Häufig anzutreffendes Statement**

Viele Mitarbeiter klagen darüber, dass es am Morgen so lange dauert, bis die E-Mails abgerufen werden können. Eine ärgerliche Zeitverschwendung!

Das Warten hat allerdings nichts mit E-Mail zu tun. E-Mail selbst benötigt relativ wenig Rechnerleistung. Schuld an den Wartezeiten sind vor allem Server- und Systemkonfiguration. Es dauert einfach seine Zeit, bis alle Einstellungen vom Server auf den PC übertragen sind – vor allem morgens, wenn viele Mitarbeiter gleichzeitig ihre Rechner einschalten.

Es gibt durchaus Lösungen, die schneller sind und nicht mehr kosten müssen. Sofern auch Ihre Mitarbeiter täglich eine Viertelstunde warten müssen, bis ihr Computer nutzbar ist, sollten Sie überlegen, ob das für Sie akzeptabel ist.[29] Sie selbst können allerdings wenig für eine Beschleunigung tun – ein schnellerer Arbeitsplatzrechner tut es nämlich nicht. Hier müssen Sie die IT-Abteilung fordern.

29 Bei 100 Mitarbeitern, 200 Arbeitstagen und einer Boot-Dauer von 15 Minuten kostet das Warten jährlich 5.000 Arbeitsstunden. Bei einer Beschleunigung des Boot-Vorgangs um zehn Minuten könnten über 3.300 Stunden pro Jahr produktiv genutzt werden.

Es gäbe natürlich auch die Möglichkeit, die morgendliche Wartezeit produktiv zu nutzen – für Dinge, für die man keinen Rechner benötigt (z. B. für die Ablage oder Telefonate). Die Erfahrung zeigt jedoch, dass Mitarbeiter lieber vor dem Rechner sitzen und dem System beim Booten zusehen, als sich andere Arbeiten zu suchen. Wider besseres Wissen hoffen sie jeden Tag aufs Neue, dass „der Rechner jetzt doch gleich nutzbar sein müsste".

Sofern Sie möchten, dass Ihre Mitarbeiter lange Boot-Zeiten für Produktives nutzen, müssen Sie sie dazu animieren.

Bildschirme

Eine produktivitätssteigernde Hardware-Maßnahme, die die Mitarbeiter immer begeistert, betrifft die Monitore. Zumindest alle Mitarbeiter, die täglich mehr als zwei Stunden am Computer arbeiten[30], sollten zwei Bildschirme haben. Mit zwei Bildschirmen arbeitet man nicht nur bequemer, sondern vor allem schneller. Experten beziffern den Produktivitätsgewinn auf 20 bis 30 Prozent.

Investieren Sie in große Bildschirme, 21 Zoll sollte der Mindeststandard sein. Zum einen bietet ein solcher Bildschirm mehr Raum für die jeweils geöffneten Programme und zum anderen

30 Dies betrifft nicht nur die Zeit, während der E-Mails bearbeitet werden, sondern die gesamte am Computer verbrachte Zeit.

kann die Schrift größer angezeigt werden, wodurch die Augen der Mitarbeiter geschont werden. Die finanzielle Investition für 21-Zoll-Bildschirme ist angesichts der Vorteile lächerlich gering.

Zwei große Bildschirme auf dem Tisch haben lediglich zwei Nachteile: (1) Sie verbauen den Blick und (2) rücken den PC noch stärker in den Blickpunkt. Es ist Ihre Aufgabe als Manager, dafür zu sorgen, dass die derart „vernagelten“ Mitarbeiter weiterhin „über den Tellerrand schauen“, miteinander reden und Prioritäten richtig setzen können.

Mobile Geräte

Bis vor kurzer Zeit statteten die meisten MbE-Manager ihre Mitarbeiter eher zögerlich mit Blackberrys oder anderen mobilen Geräten aus. Seitdem sich Arbeitnehmer auf eigene Kosten iPhones und Ähnliches kaufen, macht sich bei den MbE-Managern eine *Laissez-faire*-Einstellung breit.

MbE-Manager sind jedoch nach wie vor sehr sensibel in Bezug auf die langfristige Leistungsfähigkeit ihrer Mitarbeiter. Sofern sie das Gefühl haben, dass sich die Mitarbeiter durch die mobilen Geräte selbst ausbeuten (indem sie nachts, am Wochenende oder im Urlaub E-Mails bearbeiten) intervenieren sie. Mitarbeiter sollen nach Ansicht der MbE-Manager nicht zu stark auf das Medium fixiert werden und auch Erholungszeiten haben, um während der regulären Arbeitszeit maximal leistungsfähig zu sein.

MbE-Manager lassen Ausreden, die sich um die mobilen Endgeräte drehen, nicht gelten. Die beliebtesten sind:

- *„Ich lasse es vielleicht im Büro etwas ruhiger angehen, aber dafür bin ich ja 365 Tage im Jahr rund um die Uhr aktiv."*
- *„Ich brauche keinen Stellvertreter, muss nicht klar dokumentieren und auch keine klaren Prozesse definieren, weil ich selbst ja immer kurzfristig per E-Mail erreichbar bin"*

Leistungsfähige Netzwerkanbindung

Das Computernetzwerk kann zum Ärgernis werden, wenn Mitarbeiter in Filialen, Außenstellen, Home-Offices oder auf Reisen über langsame Verbindungen mit dem E-Mail-Server verbunden sind. Vor allem das Senden und Empfangen großer Anhänge ist dann nervig.

Man muss heute nicht mehr mit langsamen Netzwerken leben. Es ist möglich, Mitarbeiter praktisch flächendeckend mit schnellen Verbindungen auszustatten. Es ist lediglich eine Kostenfrage. Für Außenstellen und Filialen lohnt sich der höhere Aufwand sicherlich. Ob es sich auch für Mitarbeiter lohnt, die häufig auf Reisen sind, darüber streiten sich selbst MbE-Manager.

Wo es keine schnellen Netze gibt, nehmen sie den größten Druck heraus, indem sie die durch große Attachments verursachte Netzbelastung reduzieren. Sie drängen darauf, dass große Anhänge vor dem Versand automatisch komprimiert oder durch Links ersetzen werden.

Passende Software

Die meisten Unternehmen setzen bei E-Mail heute auf Microsoft Outlook/Exchange[31]. Praktisch alle nutzen die Software "off the shelf" – also ohne wesentliche Anpassungen. Nur circa ein Drittel der Unternehmen haben ein anderes E-Mail-System im Einsatz.

Die klare Dominanz von Microsoft Outlook/Exchange könnte bedeuten, dass sich ein Unternehmen heute nicht mehr über das E-Mail-System vom Wettbewerb differenzieren kann. Doch das ist völlig falsch.

Denn trotz der Dominanz von Outlook/Exchange gilt bei E-Mail genau das Gleiche, das für alle anderen Prozesse im Unternehmen gilt: Die eingesetzte Software beeinflusst die Effizienz und Qualität entscheidend. Dummerweise wenden die Unternehmen diese Binsenweisheit nur bei Vertriebssoftware, Lagerhaltungssoftware, Finanzsoftware oder Produktionssteuerungssoftware an. Dabei lassen sich auch mittels der richtigen E-Mail-Software Produktivität und Qualität der Leistungserbringung deutlich steigern. Folgende Maßnahmen sind möglich.

› **Spezialisierte E-Mail-Clients.** Die gängigen E-Mail-Clients Outlook, Lotus Notes und Groupwise sind mächtige Werkzeuge. Sie sind aber zunächst einmal nicht in das Geschäft integriert. Die E-Mail-Software ist für alle identisch – gleichgültig ob es sich um einen Fertigungsbetrieb, eine Bank oder eine Behörde handelt. Die Software macht auch keinen Unterschied, ob es sich bei einer E-Mail um eine interne Frage, eine kurze Antwort, eine externe Auf-

31 *Outlook* ist der E-Mail-Client, also die Bedienoberfläche, mit der der Anwender arbeitet. *Exchange* ist der E-Mail-Server im Hintergrund, im übertragenen Sinne die Poststelle.

tragsbestätigung oder um eine Bestellung bei einem Lieferanten handelt. Die Standard-Clients sind für alles gleich gut geeignet. Im Umkehrschluss bedeutet dies aber auch, dass sich die üblichen E-Mail-Clients in keiner Branche und in keiner Kommunikationssituation besonders hervortun.

Und genau das ist der Grund, weshalb MbE-Manager ihre Mitarbeiter teilweise mit Spezialwerkzeugen ausstatten.

Beispielsweise im Vertrieb. Es ist einfach sinnvoll, dass ein Verkäufer aus dem Customer-Relationship-Management-System (CRM) heraus seine gesamte Kommunikation – inklusive E-Mail – betreiben kann. Jede E-Mail ist dadurch automatisch dem richtigen Kunden bzw. dem richtigen Projekt zugeordnet. Der Datenpool beinhaltet dabei nicht nur jene E-Mails, die der Verkäufer selbst geschickt hat, sondern auch die E-Mails der anderen mit dem Kunden befassten Mitarbeiter (Innendienst, Kundendienst, Logistik etc.). Jeder, der die Berechtigung dazu hat, kann auf diese E-Mails zugreifen.

In einem CRM-System stehen die E-Mails zudem nicht isoliert, sondern sind in die gesamte Kommunikation/Dokumentation zu diesem Kunden eingebettet. Sie stehen also direkt neben den Faxen, Skizzen, Briefen, Kalkulationen, Präsentationen, Angeboten, Protokollen, Umsatzstatistiken etc., die diesen Kunden betreffen.

Viele Probleme, die bei Outlook & Co auftreten, sind in einer Umgebung, in der die E-Mails kundenzentriert gesammelt werden, unbekannt:

Outlook	CRM mit E-Mail-System
Wenn der Absender/Empfänger einer E-Mail nicht da ist, hat niemand Zugriff auf diese E-Mail.	Es macht keinen Unterschied, ob der ursprüngliche Empfänger/Absender da ist.
Wenn der Kunde nicht weiß, wer ihm eine bestimmte Zusage per E-Mail gemacht hat, ist diese E-Mail schwer zu finden, weil zuerst der Absender gefunden werden muss.	Jede an den Kunden abgeschickte E-Mail ist von jedem Berechtigten jederzeit per Suchfunktion zu finden – unabhängig davon, wer der Absender war.
Scheidet ein Mitarbeiter aus, müssen seine E-Mails von seinem Nachfolger übernommen werden. Dieser muss die Ablagesystematik verstehen.	Der Datenpool ist unabhängig von einzelnen Mitarbeitern.
Bei der Archivierung von E-Mails dürfen private E-Mails nicht mitarchiviert werden.	Die Archivierung ist kein Problem, da sich in „der Kundenakte" sicherlich keine privaten E-Mails befinden.

Spezialisierte E-Mail-Software schlägt Wald-und-Wiesen-E-Mail-Clients oft um Längen. Ein Kompromiss sind Lösungen, bei denen sich die gängigen E-Mail-Clients in die Geschäftsanwendungen integrieren. Erkundigen Sie sich, welche Möglichkeiten es in Ihrem Verantwortungsbereich gibt.

- **Angepasste Standard Clients.** Sofern Sie in einem größeren Unternehmen arbeiten, ist das E-Mail-Werkzeug in der Regel festgeschrieben. Wenn Sie solcherart auf Outlook & Co beschränkt sind, sollten Sie zumindest die in den Clients vorhandenen Organisationswerkzeuge nutzen. Diese können die Produktivität deutlich erhöhen – vor allem die Zusammenarbeit Ihrer Teammitglieder. Definieren Sie bestimmte Standards bezüglich der Verwendung der in den E-Mail-Clients vorhandenen Markierungs-, Weiterverfolgungs- und Kategorisierungsmöglichkeiten. Lassen Sie häufig benötigte Abläufe automatisieren. Vieles kann ohne fremde Hilfe von Ihren Mitarbeitern selbst im E-Mail-System eingestellt werden. Für komplexere Makros benötigen Sie unter Umständen für einige Tage die Hilfe eines Programmierers.
- **Zusatztools.** Für die gängigen E-Mail-Clients gibt es zahlreiche Zusatzwerkzeuge, die die Schwächen der Clients ausgleichen oder zusätzliche Funktionen hinzufügen. So gibt es beispielsweise für Outlook Suchwerkzeuge, die das Finden von E-Mails drastisch beschleunigen. Andere Werkzeuge komprimieren vor dem Versand automatisch große Dateianhänge oder sie weisen darauf hin, dass der im E-Mail-Text erwähnte Anhang nicht angehängt wurde. Ein Zusatzwerkzeug, auf das niemand verzichten darf, der vertrauliche Inhalte per E-Mail verschickt, ist eine leistungsfähige Verschlüsselungssoftware.

Zusatzwerkzeuge werden von der IT-Abteilung oft ungern gesehen, weil sie den Betreuungsaufwand erhöhen können. Kleinere Unternehmen sind hier gegenüber Großunternehmen im Vorteil.

Bilden Sie aus

Wir haben bereits erwähnt, dass sich Unternehmen lange Zeit aus der E-Mail-Nutzung herausgehalten haben. Das zeigt sich auch deutlich am Schulungsstand. Gemäß einer Studie von SofTrust Consulting wurden in Deutschland weniger als drei von zehn Angestellten jemals formal in die Benutzung ihrer E-Mail-Software eingewiesen. Noch weniger – nämlich gerade einmal fünf aus hundert – wurden jemals darin geschult, wie man E-Mail effektiv und effizient einsetzt.

Software-Handling

Etwa 90 Prozent der Teilnehmer an E-Mail-Schulungen bezeichnen diese als „sehr hilfreich“ – obwohl über 60 Prozent diese Schulung zu Beginn als „eigentlich unnötig“ ansahen.

Statistik SofTrust

Indem Sie Ihre Mitarbeiter ausbilden, können Sie deren E-Mail-Kommunikation schnell professionalisieren. Folgende Ansatzpunkte gibt es:

- **Best Practices**. Lassen Sie Ihre Mitarbeiter darin schulen, wofür und wie E-Mail zu nutzen ist. Erliegen Sie nicht dem Irrglauben, es reiche aus, die Eckpunkte eines effizienten E-Mail-Einsatzes einmal zu postulieren und in einer E-Mail-Policy festzuhalten.

  Man muss den Mitarbeitern die Änderungen schon aktiv „verkaufen“, damit sie über Jahre entwickelte Gewohnheiten aufgeben. Eine Schulung signalisiert den Mitarbeitern auch, dass das Thema für Sie wichtig ist.

Eine Schulung der E-Mail-Best-Practices ist zwingend nötig, um das Verhalten der Mitarbeiter grundlegend zu ändern.

- **Nutzung des E-Mail-Clients.** Es ist eine Binsenweisheit: Wer täglich mehrere Stunden mit einem Werkzeug arbeitet, sollte es derart gut kennen, dass er es bestmöglich nutzen kann.

  Die meisten Anwender sind (wie ihre Chefs) bei E-Mail meilenweit von diesem Ziel entfernt. Sie kennen nur einen Teil der Funktionen des E-Mail-Systems – meistens dieselben, die sie schon vor zehn Jahren genutzt haben. Dabei haben praktisch alle E-Mail-Clients neue Funktionen und Bearbeitungsphilosophien, die einen deutlichen Fortschritt darstellen.

  Sofern Ihre Mitarbeiter noch kein „Outlook/Lotus/Groupwise-Training für Fortgeschrittene" durchlaufen haben, gehört eine solche Schulung zum absoluten Muss.

- **Zehnfingerschreiben.** Was für Sie als Manager gilt, gilt natürlich auch für Ihre Mitarbeiter: Durch das Zehnfingerschreiben lässt sich im Laufe eines Berufslebens viel Zeit sparen. Wer nicht ständig auf die Tasten schauen muss, kann sich zudem mehr Gedanken über das zu Schreibende machen. Das erhöht die Qualität der Texte und reduziert Missverständnisse und Fehler.

  Planen Sie für Ihre hartnäckigsten „Zweifingertipper" deshalb ein Zehnfingertraining ein. Es muss ja nicht dieses Jahr sein. Aber innerhalb von drei Jahren sollte in Ihrem

Verantwortungsbereich niemand mehr durch Zweifingertippen behindert sein.

- **Schnelllesen.** Ähnlich wie beim Tippen kann auch beim Lesen viel Zeit gespart werden. Ein normal geübter Leser erfasst 200 bis 300 Worte pro Minute. Mittels Schnelllesetechniken lässt sich das deutlich steigern. Seminaranbieter versprechen, die Lesegeschwindigkeit innerhalb weniger Tage zu verdoppeln – bei mindestens gleichem Leseverständnis. Teilnehmer berichten durchweg von Erfolgen – wenngleich der Zeitgewinn in der betrieblichen Praxis meist hinter dem Versprochenen zurückbleibt.

  Doch selbst eine Beschleunigung von 20 Prozent wirkt sich im Laufe eines Arbeitsjahres deutlich aus. Schließlich lesen wir nicht zuletzt wegen der elektronischen Medien heute deutlich mehr als noch vor zehn Jahren. Wer täglich eineinhalb Stunden mit dem Lesen von E-Mails, Akten, Berichten etc. verbringt, kann sich durch eine 20-prozentige Verbesserung jedes Jahr 60 Arbeitsstunden sparen. Das sind immerhin eineinhalb Arbeitswochen.

Auch wenn die Schnelllesebewegung seit dem bekennenden Schnellleser John F. Kennedy an Momentum verloren hat, lohnt sich der Versuch. Schicken Sie zwei Vielleser zu einem Seminar und lassen Sie sich deren Erfahrungen berichten. Oder gönnen Sie sich selbst solch ein Training.

Schreiben

In den USA gelten die Inhalte der E-Mails der eigenen Mitarbeiter als eines der größten rechtlichen Risiken.

Machen Sie sich auch Gedanken darüber, wie gut Ihre Mitarbeiter schreiben. Da viele Sachverhalte, die früher mündlich kommuniziert wurden, heute als E-Mail geschrieben werden, ist eine „gute Schreibe" wichtiger denn je.

Nur wenige Berufsgruppen lernen in ihrer Ausbildung, wie man gute Texte verfasst.

Die meisten Berufstätigen können sich beim Texten nur auf die Vorlesung „Prinzipien wissenschaftlichen Arbeitens" oder gar nur auf den lange vergangenen Deutschunterricht stützen. Beides hilft beim Schreiben prägnanter E-Mails ziemlich wenig.

Sofern ein Mitarbeiter ständig schlecht verständliche, unvollständige oder missverständliche E-Mails schreibt oder wenn er zu lange braucht, um in seinen E-Mails auf den Punkt zu kommen, so sollten Sie ihn in ein spezielles E-Mail-Schreibtraining schicken.

Mitarbeiter sollten auch wissen, was sie *nicht* in eine E-Mail schreiben dürfen. Im Gegensatz zum gesprochenen Wort sind Aussagen in E-Mails „schwarz auf weiß" zementiert und damit verbindlich. Sie können jederzeit von jemandem ausgegraben und gegen das Unternehmen verwendet werden.

Wenn Sie in einem internationalen Umfeld agieren, sollten Sie sich zudem eine weitere Frage stellen: *„Berücksichtigen die E-Mails meiner Mitarbeiter die unterschiedlichen Kulturen der Emp-*

fänger?" Vieles, was in Deutschland, Österreich oder der Schweiz vollkommen normal ist, gilt in anderen Kulturen als unhöflich, grob oder gar sittenwidrig.

Natürlich ist interkulturelle Kompetenz unabhängig vom Medium E-Mail. Allerdings werden Entgleisungen in E-Mails besonders stark erlebt. Dies liegt daran, dass E-Mail kommunikationstechnisch ein recht armes Medium ist, das von den meisten Anwendern zudem noch recht informell genutzt wird. Ihre Mitarbeiter sollten deshalb die typischen Fettnäpfchen kennen, die es im Umgang mit anderen Kulturen zu vermeiden gilt.

Bereiten Sie das optimale Umfeld

Die beste Ausrüstung und die beste Ausbildung nützen wenig, wenn das Arbeitsumfeld es nicht zulässt, sie zu nutzen. Als Manager sind wir für ein gutes Arbeitsumfeld verantwortlich. Im Folgenden finden Sie dazu wichtige Tipps.

Qualifizierte, kompetente Stelleninhaber

„Management by Fugger": Gute Personalpolitik ersetzt tausende E-Mails.

MbE-Manager sorgen dafür, dass jede Stelle *kompetent* besetzt ist. Unzählige unnötige E-Mails werden nämlich allein deshalb geschrieben, weil einige Mitarbeiter ihre Aufgabe nicht erfüllen können – sei es, weil sie hierfür nicht richtig qualifiziert sind, nicht die richtigen Kompetenzen haben oder schlichtweg überfordert sind.

Statt Vorgänge sofort richtig abzuschließen, fragen diese Mitarbeiter ständig nach oder schieben die Aufgaben ihren Kollegen zu. Oder aber sie bearbeiten die Vorgänge falsch, was später aufwendige und teure Korrekturen mit entsprechendem zusätzlichen E-Mail-Verkehr erfordert.

Natürlich ist die richtige Stellenbesetzung eigentlich kein E-Mail-Thema. Aber E-Mail macht es relativ einfach, über eine falsche Besetzung hinwegzusehen. Dank E-Mail „funktioniert es dann doch irgendwie“[32]. Dieses *„Irgendwie“* ist für MbE-Manager aber nicht akzeptabel. Es soll nicht *„irgendwie“*, sondern es muss *„gut“* funktionieren.

Sensibilisieren Sie sich deshalb für jene E-Mails, die darauf hinweisen, dass einem Mitarbeiter notwendige Eigenschaften, Kenntnisse oder Kompetenzen fehlen. Reagieren Sie nötigenfalls schnell. Qualifizieren Sie den Mitarbeiter, geben Sie ihm Arbeitshilfen an die Hand und – falls notwendig – zusätzliche Kompetenzen. Oder verteilen Sie die Arbeit neu.

Auf keinen Fall dürfen Sie akzeptieren, dass die Unfähigkeit eines Mitarbeiters weiterhin durch überhöhten Kommunikationsaufwand kaschiert wird. Darauf haben die betroffenen Mitarbeiter und auch deren Kollegen wiederum einen Anspruch.[33]

32 Wir haben darüber schon einmal bei der Ad-hoc-Falle gesprochen.

33 Eine Trainerin nannte das einmal „Management by Fugger“. Die Familie Fugger baute Anfang des 16. Jahrhunderts ein Wirtschaftsimperium auf. Weil es unmöglich war, jeden Landesvertreter öfter zu sehen (geschweige denn, ihn eng zu führen), wählten sie einfach die richtigen Vertreter aus und gaben ihnen alle nötigen Kompetenzen. Damit waren sie den größten Teil ihrer Tagesgeschäftssorgen los.

Klare, allgemein bekannte Zuständigkeiten

Stellen Sie sicher, dass es für jedes Thema einen zuständigen Ansprechpartner gibt und dass dieser auch bekannt ist.

Auch das ist eigentlich kein E-Mail-Thema, aber auch hier verschleiert E-Mail häufig Probleme. Das Ergebnis sind unnötige E-Mails und damit verlorene Arbeitszeit.

Beobachten Sie, ob es übermäßig viele *„Weiß-jemand-wer-dafür-zuständig-ist?“*-E-Mails gibt. Sehen Sie sich auch die *An*-Adressaten in den E-Mails Ihrer Mitarbeiter an. Falls dort regelmäßig Empfänger stehen, die für diese Angelegenheit nicht zuständig sind, kann dies folgende Ursachen haben:

- Die Zuständigkeit für diesen Sachverhalt ist nicht geklärt.
- Es gibt zwar einen Zuständigen, der Sender hat aber keine Möglichkeit, diesen in Erfahrung zu bringen.
- Der Sender ist zu faul, um sich über Zuständigkeiten zu informieren, und schickt seine E-Mail deshalb an alle.
- Der Sender hat die traurige Erfahrung gemacht, dass sich der eigentlich Zuständige nicht, nicht schnell genug oder nicht in der nötigen Qualität um seine Anliegen kümmert, weshalb er Alternativen sucht.

Mit keinem dieser Zustände kann ein Manager wirklich zufrieden sein.

Passende Prozesse

Viele unnötige E-Mails und viel unnötiger Aufwand entstehen dann, wenn passende Prozesse fehlen. E-Mail wird dann als Notbehelf verwendet. „Ad-hoc“ lässt grüßen. Und wie bei der Stellenbesetzung und bei den Zuständigkeiten läuft man als Manager auch hier Gefahr, dies zu übersehen, weil es *„dank E-Mail doch irgendwie läuft"*.

MbE-Manager geben sich nicht mit behelfsmäßigen Prozessen zufrieden. Sie behalten den E-Mail-Verkehr kritisch im Auge und reagieren, wenn sie sehen, dass in einem bestimmten Fall ständig notbehelfsmäßig auf E-Mail zurückgegriffen wird.

Die möglichen Probleme und Lösungen sind zu vielfältig, als dass sie alle aufgezählt werden könnten. Damit Sie eine Vorstellung bekommen, finden Sie im Folgenden eine kleine Auswahl:

› **Problem:** Ständig die gleichen Fragen an die Spezialisten.

  Mögliche Lösungen: Eine Wissensdatenbank oder ein Firmen-Wiki wird eingerichtet./Die Fragen werden in einem Forum beantwortet./Mitarbeiter erhalten Zugriffsrechte auf eine bestehende Datenbank./Eine Schulung wird durchgeführt./Handbücher werden ergänzt.

› **Problem:** Genehmigungen werden oft per E-Mail angefordert.

  Mögliche Lösungen: Ein elektronisches Formularsystem wird eingeführt./Ein Workflow wird definiert, der Richtigkeit und Vollständigkeit sicherstellt.

› **Problem:** Es wird viel per E-Mail diskutiert.

  Mögliche Lösung: Es werden Besprechungsmöglichkeiten geschaffen./Ein Video- bzw. Internetkonferenzsystem wird eingeführt, bei dem die Teilnehmer den Inhalt von Bildschirmen austauschen können.

› **Problem:** Es wird gemeinsam an Dokumenten gearbeitet, indem diese ständig zwischen den Beteiligten als E-Mail-Anhang hin- und hergeschickt werden.

Mögliche Lösung: Dokumente werden auf einem zentralen Server (Intranet, Sharepoint, Dokumentenmanagementsystem etc.) abgelegt. Dort können sie von allen Berechtigten bearbeitet werden. Eine Versionsverwaltung steuert den ganzen Erstellungsprozess.

Ausreichend Zeit für Kerntätigkeit

MbE-Manager geben ihren Mitarbeitern genügend Zeit für ihre Hauptaufgaben und auch genügend Zeit dafür, neu eingetroffene E-Mails zu bearbeiten. Sie versuchen beides zu trennen.

In der Praxis mischen Mitarbeiter gerne beide Zeiten. Sie unterbrechen ständig ihre Hauptaufgaben, um neu eingetroffene E-Mails zu lesen. Auf der anderen Seite kommen sie aber auch nicht dazu, ihre E-Mails in einem Block abzuarbeiten, weil ständig jemand etwas von ihnen will. Arbeitswissenschaftler sagen uns, dass diese Arbeitsweise vollkommen unproduktiv ist. Nach Erkenntnissen der Arbeitswissenschaft sollten neu eingetroffene E-Mails nur zwei- bis dreimal pro Tag gesichtet und bei dieser Gelegenheit so weit wie möglich sofort erledigt werden. Das benötigt (je nach E-Mail-Aufkommen) zwischen 30 und 40 Minuten pro E-Mail-Abruf. Sorgen Sie dafür, dass Ihre Mitarbeiter diese Zeit erhalten.

Sobald die neu eingegangenen E-Mails gesichtet sind, können die Mitarbeiter die gesamte restliche Zeit konzentriert an ihren Kernaufgaben arbeiten. Sie können Termine wahrnehmen, Berichte schreiben, Aufträge erfassen, Kunden anrufen, auf Termin gelegte E-Mails beantworten etc. ohne ständig von neu eintreffenden E-Mails gestört zu werden.

Die optimale Lösung wäre, im gesamten Bereich Standardzeiten für die E-Mail-Bearbeitung festzulegen. Beispielsweise morgens von 8:30 bis 9:00 Uhr, mittags von 13:00 bis 13:30 und nachmittags von 16:00 bis 16:30 Uhr. Diese Zeiten könnten bei allen Mitarbeitern als Fixtermin im Kalender stehen. So gäbe es während der E-Mail-Bearbeitung weniger Unterbrechungen (interne Telefonanrufe, Termine, Meetings etc.), wodurch jeder ungestörter an seinen E-Mails arbeiten könnte. Außerdem entfallen viele telefonische Rückfragen, wo denn eine Antwort-E-Mail bleibe: Jeder Absender kann abschätzen, zu welcher Zeit ein Kollege die gesendete E-Mail erstmals sehen wird.

Einige Unternehmen gehen einen anderen Weg. Sie sammeln die für ihre Mitarbeiter eintreffenden E-Mails in der „elektronischen Poststelle". Die aufgelaufenen E-Mails werden dann zwei oder dreimal pro Tag in „Bündeln" in die individuellen Postfächer der Mitarbeiter zugestellt. Mitarbeiter, die zwischendurch eine E-Mail benötigen (die ihnen beispielsweise telefonisch avisiert wurde), müssen sich bei diesem Verfahren die E-Mail aktiv aus der „digitalen Poststelle" abholen. Das ist also nicht viel anders als früher, als es noch den Büroboten gab.

Die „Bündelzustellung" ist sehr effektiv. Leider ist sie nicht bei allen E-Mail-Systemen einfach zu implementieren. Außerdem braucht man zur Realisierung natürlich die Unterstützung der IT-Abteilung.

MbE-Manager ermuntern ihre Mitarbeiter, sich *E-Mail-frei* zu nehmen, wenn sie konzentriert an wichtigen Aufgaben arbeiten müssen. Besonders produktiv sind dabei die Stunden morgens vor dem ersten E-Mail-Abruf. MbE-Manager wissen aus eigener Erfahrung: Wer noch nicht weiß, was alles an scheinbar so Dringendem und Wichtigem in seiner Inbox liegt, hat noch seinen Seelenfrieden und ist deshalb besonders konzentriert und produktiv. Natürlich benötigen die Mitarbeiter für ihre Kerntätigkeiten das E-Mail-System. Sie nutzen es aber dann dazu, *ihre*

Aufgaben weiter voranzubringen, und nicht dazu, nachzusehen, ob gerade ein anderer Anspruch auf ihre Zeit und Aufmerksamkeit erhebt. [34]

Spezielle Kanäle für Dringendes

Bei der Münchner Feuerwehr gibt es weit über 1.000 Telefone. Nur bei einer einzigen Nummer wird innerhalb kurzer Zeit garantiert abgenommen – 24 Stunden am Tag.

Trotz großer Anstrengungen verbleiben in vielen Bereichen einige *dringende* E-Mails, die nicht durch eine andere Kommunikationsart ersetzt werden können. Ein typisches Beispiel hierfür sind IT-Abteilungen, die tausende Rechner und Softwareläufe mit Hilfe von E-Mail überwachen. Sobald ein Rechner ein Problem feststellt, schickt er eine E-Mail an den jeweiligen zuständigen Systembetreuer.

MbE-Manager versuchen diese Fälle derart zu organisieren, dass möglichst wenige Mitarbeiter in ihrer Arbeit unterbrochen werden. Sie richten beispielsweise Funktions-E-Mail-Adressen ein. Im Fall der IT-Abteilung könnte eine spezielle E-Mail-Adresse für Störungen beispielsweise IT-Stoerung@musterfirma.de heißen. Der Posteingang für diese E-Mail-Adresse wird nun von einer Person kontinuierlich gesichtet. Diese aktiviert dann den jeweils zuständigen Systembetreuer. In diesem Szenario muss nur noch ein IT-Mitarbeiter für jede neu eintreffende E-Mail seine Arbeit unterbrechen – und nicht mehr jeder.

34 Wie man im E-Mail-System arbeiten kann, ohne neu eintreffende E-Mails zu sehen, ist Bestandteil einer E-Mail-Client-Schulung für Fortgeschrittene.

Stellvertreter

Über die Wichtigkeit und die Vorteile von Stellvertretern haben wir schon an anderer Stelle gesprochen. MbE-Manager achten deshalb darauf, dass jeder Mitarbeiter mindestens einen Stellvertreter hat, der bei Abwesenheit die neu eingetroffenen E-Mails sichtet. Nur so ist die Leistungserstellung des Bereichs weitgehend unabhängig von einzelnen Personen. Ein Ausfall eines Mitarbeiters (Krankheit, Dienstreise etc.) stoppt nicht ganze Prozesse. Der Stellvertreter muss kein vollwertiger Ersatz für den Vertretenen sein. Er muss lediglich die Eingangs-E-Mails bewerten und dringende Dinge einer Erledigung zuführen können. Entscheidend ist, dass er auf den Posteingang des Vertretenen zugreifen kann. Ein Stellvertreter, auf den lediglich in der Abwesenheitsnotiz verwiesen wird („*In dringenden Fällen kontaktieren Sie bitte meinen Kollegen Gerd Helfer*"), erfüllt diese Bedingung nicht.

Wer es als Manager zulässt, dass wichtige elektronische Eingangspost während der Abwesenheit von Mitarbeitern nicht gesichtet wird, macht sich potentiell eines Organisationsvergehens schuldig. [35]

Exkurs: E-Mail-freier Freitag

Einige amerikanische Unternehmen ziehen die Handbremse. Sie verbieten, freitags unternehmensinterne E-Mails zu schreiben. Auf diese Weise soll die E-Mail-Flut bekämpft werden.

35 Beispielweise laufen gesetzliche Fristen mit der Zustellung einer E-Mail an das Unternehmen an. Gerichte lassen Urlaub, Krankheit etc. des Empfängers nicht als Entschuldigung gelten.

Viele Manager finden die Idee auch für Europa gut. Dabei ist ein E-Mail-freier Tag im Prinzip eine Bankrotterklärung des Managements.

Am deutlichsten lässt sich dieses Versagen anhand eines Vergleichs aufzeigen. Stellen Sie sich dazu ein Land vor, in dem es früher ganz wenig Autoverkehr gab und deshalb auch keine Verkehrsregeln, keine Ampeln und keine Verkehrsschilder. Stellen Sie sich nun vor, dass der Verkehr in diesem Land explosionsartig zunimmt – und damit auch die Probleme: Staus, Parkplatznot, Stress, Unfälle und zahlreiche Unfalltote. Stellen Sie sich nun vor, dass die einzige Maßnahme der Regierung darin besteht, am Freitag das Autofahren zu verbieten. An allen anderen Tagen dürfen sich die Autofahrer weiterhin behindern, rammen, blockieren, totfahren etc. Was würden wir von solch einer Regierung halten? Na also!

Bei E-Mail ist es ebenso. E-Mail ist potenziell gefährlich, aber vor allem ist es nützlich. Deshalb muss es jeden Tag genutzt werden dürfen.[36] Das Management hat dafür Sorge zu tragen, dass dies mit möglichst wenig negativen Nebenwirkungen verbunden ist – nicht an einem Tag, sondern an jedem einzelnen Tag der Woche.[37]

36 Was nicht bedeutet, dass E-Mail täglich benutzt werden *muss*.

37 Die ersten Anwender des E-Mail-freien Freitags berichteten übrigens wenig Ermutigendes. Anstatt am Freitag miteinander zu sprechen, schrieben die Mitarbeiter weiterhin E-Mails. Sie ließen diese lediglich zeitversetzt erst am Montagmorgen versenden.

Verhalten Sie sich unterstützend

„Nichts ist tödlicher, als Wasser zu predigen und Wein zu trinken."
E-Mail-Nutzer

Auf Ihre wichtige Rolle als Vorbild haben wir schon mehrmals hingewiesen. Das betrifft nicht nur die Art, wie Sie selbst Ihre Arbeit mit E-Mail organisieren, wie Sie E-Mails verfassen oder Verteiler gestalten. Entscheidend ist, wie Sie Ihre Mitarbeiter dabei unterstützen, ihrerseits einen professionellen Umgang mit E-Mail zu finden. Oft scheitert eine effiziente E-Mail-Nutzung der Mitarbeiter daran, dass ihr Vorgesetzter von ihnen ineffizientes Vorgehen verlangt, wenn es um seine eigenen Interessen geht.

Folgendes sollten Sie beachten:

- **Benutzen Sie E-Mail niemals für Dringendes.** Senden Sie ausschließlich E-Mails, deren Beantwortung bis zum Ablauf der definierten Latenzzeit Zeit hat.

  Für Dringendes suchen Sie den direkten Kontakt (persönlich, telefonisch, per Instant Message). Sofern die Zielperson nicht am Arbeitsplatz ist, hinterlassen Sie eine Nachricht. Ist die Zielperson unterwegs und geht nicht ans Mobiltelefon, schicken Sie eine SMS. Nur im äußersten Notfall sollten Sie für Dringendes eine E-Mail schreiben.

- **Bemängeln Sie nicht fehlende Antworten, solange die Latenzzeit nicht überschritten ist.** Auf gar keinen Fall dürfen Sie einen Mitarbeiter maßregeln, wenn er nicht sofort auf Ihre E-Mail reagiert. Ein einziger „Anschiss" reicht aus, einen Mitarbeiter zum alten Verhalten zurückzuschicken.

Er wird dann künftig seine Arbeit wieder für jede eingehende E-Mail unterbrechen – die E-Mail könnte ja schließlich von Ihnen sein.

› **Sagen Sie klar, was Sie erwarten.** Fakt ist: Für Ihre direkten Mitarbeiter hat eine E-Mail von Ihnen die höchste Priorität. Sie werden Ihre E-Mail nicht nur als erste lesen, sondern danach alles andere stehen und liegen lassen, um Sie so schnell wie möglich zu bedienen. Da kann es dann schon passieren, dass wichtige Kundenanfragen unbeantwortet bleiben, weil der Mitarbeiter für Sie ein (eigentlich gar nicht dringendes) Spreadsheet erstellt.

Je höher Sie in der Hierarchie angesiedelt sind, desto stärker wird Ihre E-Mail in Ihrer Organisation wirken. Das Beispiel „E-Mail vom Chef" (siehe Exkurs, Seite 125) zeigt, welchen gigantischen Aufwand eine unspezifische E-Mail aus dem Top-Management generieren kann.

Sagen Sie in Ihren E-Mails deshalb deutlich, was und bis wann Sie es haben wollen. Das „Wann" ist dann besonders wichtig, wenn der Mitarbeiter für die Erledigung noch sehr viel Zeit hat.

Wenn Sie in eine am Freitagnachmittag verfasste E-Mail schreiben *„Bitte geben Sie mir am Montag kurz Bescheid"*, ist dies ein deutlicher Hinweis darauf, dass Sie am Samstag und Sonntag keine Antwort erwarten. Dies nimmt Mitarbeitern den Druck, am Wochenende die E-Mails bearbeiten zu müssen.

Sofern Sie keinen großen Aufwand betreiben möchten, sollten Sie dies klar sagen – am besten mit einer klaren Messzahl. Beispielsweise: *„Investieren Sie maximal drei*

Stunden dafür", oder „*Wenn Sie mehr als drei Stunden dafür brauchen, müssen wir das noch einmal überdenken. Rufen Sie mich dann bitte an.*"

- **Delegieren Sie nur Wichtiges.** Denken Sie daran: Jede E-Mail, die Sie an einen Ihrer Mitarbeiter senden, beansprucht bei Ihnen nur wenige Sekunden (vor allem, wenn Sie diese nur weiterleiten). Beim Mitarbeiter kann sie dagegen viele Stunden Arbeit verursachen. Geben Sie also erst gar nichts weiter, was nicht notwendig ist.

- **Schreiben Sie niemals jemanden, der eine E-Mail lesen muss, in die *Cc*-Zeile.** Sollte es Ihnen doch einmal passiert sein, nehmen Sie die Schuld auf sich.

- **Wechseln Sie den Kommunikationskanal.** Reagieren Sie nicht auf jede E-Mail automatisch per Antwort-E-Mail. Bringen Sie Dynamik in Prozesse, indem Sie bei wichtigen Angelegenheiten (oder dort, wo E-Mail weniger geeignet ist) den Mitarbeiter anrufen, ihn zu einem Gespräch bitten oder ihn an seinem Arbeitsplatz aufsuchen.

- **Verhindern Sie Unverbindlichkeit.** Akzeptieren Sie nicht, wenn Menschen mit der Vereinbarung „*Wir mailen noch darüber*" auseinander gehen wollen. Drängen Sie am Telefon oder im Meeting auf verbindliche Vereinbarungen. Machen Sie Nägel mit Köpfen. Jetzt! Und nicht erst nach weiteren 20 E-Mails.

Exkurs: E-Mail vom Chef

Die E-Mail eines Vorstands:

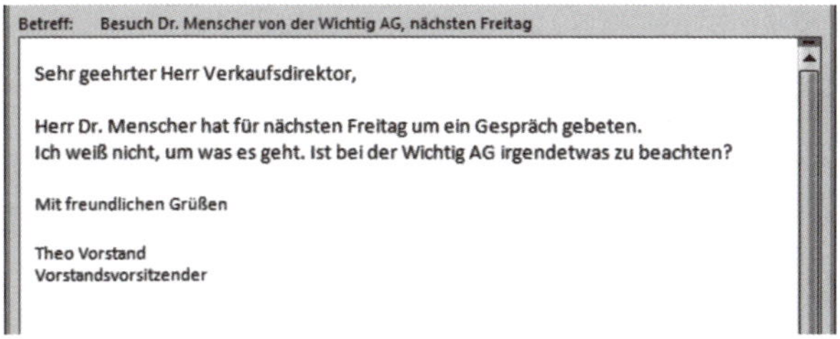
Betreff: Besuch Dr. Menscher von der Wichtig AG, nächsten Freitag

Sehr geehrter Herr Verkaufsdirektor,

Herr Dr. Menscher hat für nächsten Freitag um ein Gespräch gebeten.
Ich weiß nicht, um was es geht. Ist bei der Wichtig AG irgendetwas zu beachten?

Mit freundlichen Grüßen

Theo Vorstand
Vorstandsvorsitzender

E-Mail eines Vorstands, nachdem sich der Vorstand des Kunden Wichtig AG zum Besuch angemeldet hat.

Was nach dieser E-Mail passiert:

1. Der Vertriebschef fordert per E-Mail von den Verkaufsleitern EMEA, Americas und Asia den aktuellen Kundenstatus an.

3 E-Mails

2. Die drei Regionsverkaufsleiter fordern kurzen Bericht von den Verkaufsleitern jener 21 Länder, in denen der Kunde aktiv ist.

21 E-Mails

3. Die Länderverkaufsleiter fordern von den zuständigen 21 Verkäufern detaillierte Berichte.

21 E-Mails

4. Die Verkäufer erstellen jeweils eine 25-seitige Powerpoint-Präsentation und senden diese an den Länderverkaufsleiter.

21 E-Mails, 525 PPT-Seiten

5. Die Länderverkaufsleiter verdichten die Berichte auf jeweils fünf Powerpoint-Seiten und mailen diese an ihre Chefs.

21 E-Mails, 105 PPT-Seiten

6. Die Regionsverkaufsleiter verdichten die Berichte und mailen jeweils drei PDF-Seiten an den Vertriebschef.

3 E-Mails, 9 PDF-Seiten

7. Der Vertriebschef schreibt eine E-Mail an den Vorstand: „Geschäft mit Wichtig AG im Plan. Aktuell 50 Mio. Umsatz. Ziel 100 Mio. Keine Probleme."

1 E-Mail

Die Antwort des Vorstands:

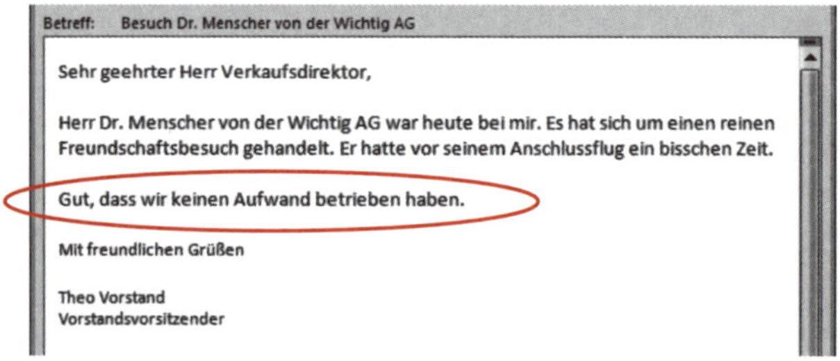
Betreff: Besuch Dr. Menscher von der Wichtig AG

Sehr geehrter Herr Verkaufsdirektor,

Herr Dr. Menscher von der Wichtig AG war heute bei mir. Es hat sich um einen reinen Freundschaftsbesuch gehandelt. Er hatte vor seinem Anschlussflug ein bisschen Zeit.

Gut, dass wir keinen Aufwand betrieben haben.

Mit freundlichen Grüßen

Theo Vorstand
Vorstandsvorsitzender

E-Mail des Vorstands an seinen Vertriebschef, nachdem der Besuch stattgefunden hat.

Führen Sie richtig

Was auch immer wir in der Beziehung zu unseren Mitarbeitern tun (oder unterlassen), alles wirkt sich auf unsere Position als Führungskraft aus. Entweder sie wird gestärkt oder geschwächt.

Im Folgenden wollen wir betrachten, was wir von MbE-Managern lernen können, um im Umfeld von E-Mail unsere Führungsposition zu stärken – und welche Fehler wir vermeiden sollten.

Stellen Sie den Menschen in den Mittelpunkt

Termine, Telefonate und E-Mails takten unsere Arbeitszeit. Viel zu schnell vergessen wir, dass wir vor allem dafür bezahlt werden, mit Menschen zu arbeiten. MbE-Manager vergessen das nicht und gehen deshalb mit E-Mail entsprechend um. Für sie gilt: „*Menschen sind wichtiger als Technik. Anwesende sind wichtiger als Abwesende.*“

Über zwei Maßnahmen, die MbE-Manager ergreifen, haben wir bereits gesprochen:

- MbE-Manager positionieren ihren Schreibtischstuhl so, dass er dem Eintretenden und nicht dem Computer zugewandt ist.
- MbE-Manager wenden sich von E-Mail ab, wenn Sie von jemandem direkt angesprochen werden. Sie tun dies für den anderen deutlich erkennbar: Sie klappen beispielsweise das Notebook zu oder stecken das Smartphone weg.

Im Umgang mit Menschen signalisieren MbE-Manager ihre Prioritäten mit folgenden Verhaltensweisen:

- Sie nehmen sich genügend Zeit für das Gespräch. Ihr Gegenüber hat nie den Eindruck, sie würden ständig in Richtung ihrer E-Mails schielen oder das Gespräch deshalb kurz halten, weil sie sofort zu E-Mail zurückkehren möchten.
- Sie unterbrechen kein Gespräch, wenn ihr Smartphone eine neu eingetroffene E-Mail meldet.
- Sie lesen während Meetings keine E-Mail.
- Sie lesen auch während ihrer Telefonate keine E-Mails. Das Gegenüber würde die mangelnde Konzentration merken.
- Sie suchen das persönliche Gespräch, wenn es um etwas Persönliches oder Schwieriges geht. Sie würden hierbei nie auf E-Mail zurückgreifen.

Gestalten Sie die Beziehungsebene

Eine der häufigsten Beschwerden von Mitarbeitern bezieht sich darauf, dass ihre Chefs in E-Mails grundlegende Umgangsformen missachten.

SofTrust Consulting

MbE-Manager sind sich der Beziehungsbotschaften bewusst, die sie mit ihren E-Mails versenden. E-Mails enthalten ja nicht nur den vordergründig ersichtlichen Inhalt. Kommunikationswissenschaftler lehren uns vielmehr, dass in jeder Botschaft zwischen den sachlichen Inhalten auch immer Beziehungsbotschaften stecken. [38] Diese Beziehungsbotschaften machen dem Empfänger klar, was wir von ihm halten. Sie zeigen, ob wir ihn Wert schätzen oder ob wir ihn ablehnen. Oder schlimmer noch, ob er uns derart gleichgültig ist, dass wir uns nicht einmal darüber Gedanken machen, wie wir zu ihm stehen.

Als Manager wissen wir um den Einfluss von Beziehungsaspekten auf die Arbeitsleistung. Wenn sich Mitarbeiter wichtig genommen fühlen, setzen sie sich ein und denken aktiv mit. Mitarbeiter, die sich dagegen von ihren Chefs schlecht behandelt fühlen, leisten Dienst nach Vorschrift, intrigieren und lassen auch schon einmal eine Angelegenheit absichtlich an die Wand fahren, wenn es sich anbietet.

Leider enthalten die E-Mails von Managern an ihre direkten Mitarbeiter häufig wenige Beziehungsbotschaften. Genauer gesagt, es gibt wenige *bewusst* gesandte Beziehungsbotschaften. Denn

38 Kommunikationswissenschaftler unterscheiden im Übrigen zwischen mehr als nur zwei Arten an Botschaften in einer Nachricht. Doch die beiden wichtigsten mögen uns hier genügen.

Beziehungsbotschaften sind natürlich immer im Text. Es sind eben nur diejenigen, die dem Drang des Managers entspringen, mit der E-Mail möglichst schnell fertig zu werden. Und diese Botschaften sind durchweg negativ.

Durch folgendes Schreibverhalten kann ein Manager dem Mitarbeiter deutlich zeigen, wie wenig er ihm im Grunde genommen wert ist:

- Der Mitarbeiter wird nicht namentlich gegrüßt/angeredet.
- Eine Antwort besteht aus einigen wenigen dürren Worten.
- Der Text ist staubtrocken und rein sachlich gehalten.
- Anweisungen sind im Befehlston formuliert.
- Der Text enthält zahlreiche Tippfehler.
- Der Text enthält Grammatikfehler.
- Der Text ist schlecht formatiert.
- der text ist in reiner kleinschreibung verfasst.
- Die Grußformel wird durch die Signatur automatisch eingefügt.
- Die Unterschrift besteht aus Initialen anstelle des kompletten Namens.

MbE-Manager vermeiden alle diese Fehler. Sie schreiben E-Mails, bei denen der Empfänger sehen kann, dass die Führungskraft sie als Mensch zumindest soweit Wert schätzt, dass sie sie mit einem Mindestmaß an Höflichkeit und Korrektheit behandelt.

Die meisten MbE-Manager tun aber mehr als diese Pflicht. Sie fügen regelmäßig Bemerkungen in ihre E-Mails ein, aus denen der Empfänger ablesen kann, dass sie wirklich mit ihm und nicht mit einer austauschbaren Funktionseinheit kommunizieren. Beispiele hierfür sind gelegentlich eingestreute Sätze wie *„Ich hoffe, Ihr Schnupfen ist besser geworden!"*, *„Willkommen zurück!"* oder *„Glückwunsch zur Vereinsmeisterschaft!"*. Sie haben zwar überhaupt nichts mit der konkreten Leistungserstellung zu tun, wirken aber. Sie kennen ja den Spruch: *„Der Ton macht die Musik"*.

Viele Manager empfinden den Aufwand für korrekte, höfliche und personenbezogene E-Mails als zu hoch. *„Dieses Brimbamborium brauchen wir bei uns nicht!"*, sagen sie. *„Den Aufwand betreiben wir vielleicht für unsere Kunden. Intern arbeiten wir effizient."* Doch ihre Mitarbeiter sehen das vollkommen anders. Die absolute Nichtachtung von Höflichkeitsstandards in den E-Mails der Chefs zieht sich als Thema durch alle von SofTrust durchgeführten E-Mail-Kultur-Projekte [39].

Denken Sie deshalb beim Schreiben Ihrer E-Mail daran, dem Empfänger explizit und implizit Höflichkeit und Achtung entgegenzubringen.

Zeigen Sie Rückgrat

Nichts schwächt die Position eines Managers mehr als der Ruf, er habe kein Rückgrat. Wer gedankenlos mit E-Mail umgeht, kann diesen Verdacht leichter erregen, als er denkt.

- MbE-Manager vermeiden E-Mails, die den Anschein erwecken könnten, sie würden sich dadurch um eine persönliche Konfrontation von Angesicht zu Angesicht drücken. [40] Statt eine E-Mail zu schreiben, suchen MbE-Manager bei

39 In einigen Kulturen (z. B. in den USA) sind die Beschwerden leiser als in anderen. Doch die ignorante Grundhaltung vieler Chef-E-Mails ist in allen Ländern ein Thema.

40 E-Mail ist in Konfliktsituationen grundsätzlich ungeeignet. Die Konflikte eskalieren meistens. Hier behandeln wir lediglich die Auswirkung auf die Führungsposition.

Konflikten grundsätzlich das persönliche Gespräch. Erhält ein MbE-Manager eine E-Mail, in der ein Mitarbeiter oder Kollege versucht, auf Konfrontation zu gehen, antwortet er meist nicht in der Sache, sondern im Sinne einer schnellen Lösung. Seine Antwort-E-Mail könnte dann lauten: „*Darüber müssen wir offensichtlich reden. Meine Sekretärin wird Sie bezüglich eines Termins ansprechen.*"

- MbE-Manager kritisieren Mitarbeiter niemals in einer E-Mail – vor allem dann nicht, wenn die Kritik persönlich genommen werden kann. Sie führen auch hier ein Gespräch. [41]
- MbE-Manager stellen sich demonstrativ hinter ihre Mitarbeiter, wenn diese wegen ihres E-Mail-Verhaltens angegriffen werden. Dies gilt natürlich in besonderem Maße für die Situationen, in denen die Mitarbeiter deshalb in Probleme geraten, weil sie sich an die Vorgaben des MbE-Managers bezüglich des Umgangs mit E-Mail halten.

Überspringen Sie zwischengelagerte Hierarchien vorsichtig

In den meisten Unternehmen sind die Hierarchien heute – nicht zuletzt wegen E-Mail – viel durchlässiger, als sie es noch vor zehn Jahren waren. Früher hätte sich kaum ein Sachbearbeiter getraut, seinen Gruppenleiter und Abteilungsleiter zu überspringen und einen Brief direkt an den Bereichsleiter zu schreiben. Beinahe ebenso undenkbar war es, dass ein Bereichsleiter über die Köpfe der zwischengelagerten Managementstruktur hinweg

41 Dies gilt, solange der Manager an einer künftigen gedeihlichen Zusammenarbeit interessiert ist. Anders sieht es aus, wenn er Beweismaterial für eine Trennung schaffen will.

auf einzelne Sachbearbeiter zugriff – vielleicht sogar noch welche außerhalb seines eigenen Bereichs. Mit E-Mail wird beides heute täglich praktiziert.

Die direkte, hierarchie- und bereichsübergreifende Kommunikation hat viele Vorteile. Sie ist schneller, fehlerfreier und vermeidet auch viele E-Mails. Sie birgt jedoch auch Gefahren.

Aus der Sicht einer leitenden Führungskraft besteht die größte Gefahr darin, dass durch das eigene E-Mail-Verhalten die Autorität des zwischengelagerten Managements untergraben wird. Schließlich sind die Autorität und die klare Zuständigkeit des zwischengelagerten Managements letztendlich das Grundgerüst, das das Unternehmen zusammenhält. Wenn das Top-Management ständig über die Köpfe seiner eigenen Manager hinweg mit der Basis kommuniziert, passiert es leicht, dass die „Unteroffiziere" von der Mannschaft nicht (mehr) ernst genommen werden. Das schwächt das untere Management. Außerdem bleibt natürlich automatisch auch mehr Arbeit an den „Offizieren" hängen.

MbE-Manager sind deshalb sehr sensibel beim hierarchieübergreifenden E-Mailen. Je höher sie selbst in der Hierarchie angeordnet sind, desto öfter finden sich bei den MbE-Managern folgende Verhaltensweisen [42] :

› Sendet ein Mitarbeiter aus einer niedrigeren Hierarchiestufe einem MbE-Manager unverlangt eine E-Mail, schickt der MbE-Manager diese in der Regel sofort an den Mitar-

42 Ausgenommen sind E-Mails, die im Rahmen definierter Arbeitsbeziehungen ausgetauscht werden. Sind Top-Manager und Mitarbeiter beispielsweise Mitglied einer Taskforce, findet natürlich praktisch alle Kommunikation im Rahmen dieser Taskforce direkt ohne Einbeziehung des dazwischen liegenden Managements statt.

beiter zurück. Der MbE-Manager verweist auf die Zuständigkeit des direkten Vorgesetzten des Senders. Die meisten MbE-Manager kopieren den Vorgesetzten dabei erst im Wiederholungsfall auf ihre Antwort.

- MbE-Manager gehen häufig bewusst den „Dienstweg", wenn sie etwas von einem Mitarbeiter benötigen – zumindest über dessen direkten Vorgesetzen. Greift der MbE-Manager doch einmal direkt auf den Mitarbeiter zu, kopiert er die übergangenen Manager [43]. Viele dieser E-Mails enthalten eine Erklärung, weshalb der MbE-Manager direkt zugreift. Beispielsweise: *„Nachdem Herr Gruppe und Frau Abteil nicht da sind, bitte ich Sie …"* oder *„Mit Herrn Gruppe habe ich abgesprochen, dass …"*. Das macht deutlich, dass der oberste Chef auf die grundsätzliche Einhaltung von Prozessen Wert legt.

Erlauben Sie bereichsübergreifende Kommunikation

Während MbE-Manager bezüglich der hierarchieübergreifenden Kommunikation innerhalb ihres *eigenen* Verantwortungsbereichs eher sensibel sind, haben sie gegen eine direkte Kommunikation über Bereiche hinweg nichts einzuwenden. Der Dienstweg ist vielen verpönt, weil er einfach zu viel Geschwindigkeit aus den Prozessen nimmt. Allerdings wissen die Mitarbeiter von MbE-Managern sehr genau, welche Fälle sie direkt abwickeln können und ab wann es nötig ist, ihren jeweils zuständigen Manager zu involvieren.

43 Natürlich in der *An*-Zeile und nicht in der *Cc*-Zeile!

Halten Sie den Mitarbeitern den Rücken frei

Manager müssen ihre Mitarbeiter mit Informationen versorgen. In der Vergangenheit taten sie dies vorzugsweise per Büroumläufe oder Aushänge. Jedem einzelnen Mitarbeiter eine eigene Kopie von jedem Dokument zu senden, wäre damals viel zu aufwendig gewesen.

Heute ist die persönliche Kopie dank E-Mail und Verteilerlisten kein Problem mehr. Trotzdem treten MbE-Manager bei der Informationsverteilung per E-Mail eher auf die Bremse als auf das Gaspedal. In Zeiten der Informationsüberflutung halten sie es für wichtig, ihre Mitarbeiter vor unnötigen Informationen zu bewahren. Sie verstehen sich nicht als eine Relaystation, die eingehende E-Mails einfach an alle potentiell interessierten Mitarbeiter weiterleitet. Vielmehr sehen sie sich als intelligente *Informationsfilter*, die bewusst Informationen aus dem Verkehr ziehen oder anders kanalisieren.

Der Filterprozess ist ein Balanceakt. Ihm dürfen natürlich keine wesentlichen Informationen zum Opfer fallen. Sonst entstehen Gerüchte und die Mitarbeiter verbringen letztendlich mehr Zeit mit Tratsch, als durch die Informationsfilterung eingespart wurde. Es geht also darum, die Spreu vom Weizen zu trennen und die Qualität zu erhöhen.

Folgende Fragen sollten Sie sich jedes Mal stellen, wenn Sie eine Neuigkeit per E-Mail erhalten, die Sie an Ihre Mitarbeiter weiterleiten könnten:

1. **Ist die Information für meine Mitarbeiter relevant?** Falls nicht: Sortieren Sie die Information aus!
2. **Ist die relevante Information für meine Mitarbeiter umgehend notwendig?** Falls nicht: Überlegen Sie sich, wie Sie diese Information in einer weniger aufdringlichen Form an

die Mitarbeiter bringen könnten. Idealerweise sollte der Mitarbeiter diese Informationen – ähnlich wie früher im Umlauf – gebündelt erhalten. Möglichkeiten sind:

- Nehmen Sie die Information in einen wöchentlichen Bereichsnewsletter auf.
- Stellen Sie die Information auf den Bereichs-Intranet-Server. Jeder Interessierte kann sie sich dann zu den Zeiten anschauen, die ihm passen.
- Werten Sie anstehende Besprechungen auf, indem Sie dort die Information bekannt geben.
- Sofern Sie noch keine Besprechungen geeigneter Art haben: Führen Sie eine wöchentliche Konferenz ein, in der diese Neuigkeiten mitgeteilt, kommentiert und diskutiert werden.

3. **Hat die umgehend zu verteilende Information die richtige Form und Länge?** Falls nicht: Kürzen Sie die Meldung. Ergänzen Sie die Meldung oder kommentieren Sie sie, wenn dies für die Mitarbeiter hilfreich ist.
4. **Brauchen alle Mitarbeiter diese Information?** Leiten Sie die Informations-E-Mail nicht routinemäßig an den ganzen Bereichsverteiler weiter. Schicken Sie die E-Mails stattdessen nur an jene Mitarbeiter, die diese Informationen wirklich benötigen.

Auch hier ist der Aufwand für die Führungskraft größer als die heute von den meisten Managern geübte bequeme Praxis, alles, was an Informationen hereinkommt, sofort an den ganzen Bereichsverteiler weiterzuleiten. **Doch auch hier zeigt die Führungskraft ihre klare Handschrift zum Wohle der Mitarbeiter.**

Exkurs: E-Mail der Geschäftsleitung an alle

Die Geschäftsführer großer Gesellschaften entdecken zunehmend die personalisierte Serien-E-Mail als probates Mittel, um ihre Botschaften an die gesamte Belegschaft zu verteilen.

Die „E-Mail an alle" ist wesentlich schneller und billiger als die traditionellen Mittel unternehmensinterner Kommunikation (wie Mitarbeiterzeitung, Betriebsversammlungen, Schwarze Bretter etc.). Sie wird zudem von mehr Mitarbeitern gelesen als beispielsweise der monatliche Unternehmensnewsletter oder ein Artikel im Intranet. Deshalb ist die „E-Mail an alle" ein sehr wirkungsvolles Medium, wenn alle Angestellten [44] innerhalb kurzer Zeit informiert werden sollen. Es gibt allerdings einiges zu beachten, damit die „E-Mail an alle" wirkungsvoll ist:

- **Ereignisbezogene Aussendung.** Die Rundmails der Geschäftsleitung sollten keinem festen Turnus folgen, sondern dann ausgesandt werden, wenn die Geschäftsleitung wirklich etwas Substantielles zu sagen hat oder aber ganz deutliche Zeichen setzen möchte.
- **Beschränkte Anzahl.** Mehr als zehn Rundmails sollte es im Jahr nicht geben. Sonst geht die Aufmerksamkeit verloren.
- **Vorsicht mit motivierenden Botschaften.** Wer ständig die gleichen aufmunternden Botschaften sendet, provo-

44 Arbeiter haben in der Regel keine Mailbox, die sie regelmäßig sichten können, und sind deshalb über das Medium E-Mail kaum zu erreichen.

ziert Witze der Belegschaft. Mitarbeiter wünschen vor allem bei negativen Medienberichten oder schwierigen Entscheidungen des Managements (Entlassungen, Werksschließungen, Gehaltsreduzierung etc.) die direkte Information durch die Geschäftsleitung.

- Inhalt und Form auch für Externe geeignet. E-Mails werden weitergeleitet – auch die E-Mails der Geschäftsleitung. Eine interne Rundbrief-E-Mail sollte deshalb so geschrieben sein, dass sie auch problemlos von einem Wettbewerber, einem Kunden oder einem Journalisten gelesen werden kann.

Delegieren Sie richtig

Aufgaben zu verteilen gehört zu den Kernaufgaben eines Managers. Auch MbE-Manager nutzen für die Aufgabendelegation natürlich E-Mail – allerdings nur dann, wenn es dafür geeignet ist. MbE-Manager verzichten auf E-Mail, wenn eine Aufgabe komplex ist (was lange Anleitungstexte notwendig machen würde) oder wenn die Teammitglieder zunächst einmal für die Aufgabe begeistert werden müssen. In beiden Fällen würden MbE-Manager Besprechungen oder Kick-off-Meetings vorziehen.

Dort wo MbE-Manager Aufgaben per E-Mail delegieren, haben ihre E-Mails folgende Eigenschaften:

- **Nur ein Thema pro E-Mail.** Dies bedeutet in der Regel, dass jede Delegations-E-Mail genau eine Aufgabe enthält. Enthält sie mehrere Aufgaben, sind dies zusammengehörende Teilaufgaben.

- **Klare Zuständigkeiten.** Sofern ein MbE-Manager mehrere Empfänger in der *An*-Zeile adressiert, sagt er in der E-Mail deutlich, wer für was zuständig ist. Die Empfänger wissen, wer von ihnen die Verantwortung trägt, wer zuarbeitet, wer berichtet etc.

- **Deutliche Erwartungshaltung.** MbE-Manager sagen genau, was sie erwarten. Sie sagen, in welcher Form und bis wann welche Ergebnisse vorliegen sollen. Meist handelt es sich nur um ein oder zwei Sätze, doch diese sind essentiell.

- **Rahmenbedingungen.** Wenn die finanziellen Mittel und/oder die Zeit beschränkt sind, steht dies auch in der Aufgabendelegation. Ebenso, wenn der MbE-Manager konkrete Erwartungen hinsichtlich Ablauf, verwendeter Methode, Meilensteine etc. hat.

- **Vergabe von Befugnissen.** Sofern der Beauftragte nicht per Stellenbeschreibung alle Befugnisse zur Erledigung der Aufgabe hat, gibt ihm der MbE-Manager diese für die vorliegende Aufgabe in seiner Auftragsmail. So stellt er sicher, dass der Mitarbeiter nicht auf halbem Weg stehen bleiben muss, um seine Hilfe anzufordern.

- **Details.** Eine gute Beauftragung enthält sämtliche Informationen, die notwendig sind, um die Aufgabe ohne weitere Rückfragen erledigen zu können. MbE-Manager sind konkret. Sie nennen Namen, Nummern, Daten etc. Sie verweisen auch auf Informationsquellen, falls der Mitarbeiter diese voraussichtlich nicht kennt.

- **Berichtswesen.** MbE-Manager schreiben klar, wann und wie sie über den Status der Aufgabe sowie über deren endgültige Erledigung informiert werden möchten.

- **Angebot von Unterstützung.** MbE-Manager bieten aktiv ihre Unterstützung an – beispielsweise die Möglichkeit, Fragen zu stellen. Dies ist mehr als eine beziehungsfördernde Floskel. Sie zeigt, dass der Manager den Mitarbeiter nicht allein lässt.

Verfolgen Sie die Erledigung nach

Per E-Mail vergebene Aufgaben werden häufig nicht systematisch verfolgt – schließlich hat man als Manager anderes zu tun. Deshalb wird es oft lange Zeit nicht bemerkt, wenn Empfänger E-Mails ignorieren. Das schadet natürlich dem Führungsimage des Managers. *„Der merkt ohnehin nichts!“*, sagen die Mitarbeiter.

MbE-Manager sorgen dafür, dass wichtige Aufgaben nachverfolgt werden – vor allem bei jenen Mitarbeitern, die eher unzuverlässig oder die noch neu sind. Das bedeutet, dass nachgehakt wird, wenn zu den vorgegebenen Zeiten keine Statusmeldung des Mitarbeiters vorliegt.

Verlangen Sie aber keine Empfangsbestätigungen! Dieser Hinweis ist hoffentlich nicht mehr nötig: Wer sich per Lesebestätigung versichern muss, dass seine eigenen Mitarbeiter seine E-Mails auch wirklich lesen, beeindruckt nicht als souveräne Führungskraft.

Soweit vorhanden, lassen MbE-Manager ihre Assistenzen die offenen Aufgaben verwalten und nachverfolgen. In diesem Fall haben sie selbst überhaupt nichts damit zu tun. Jene Manager, die keine Assistenz haben, müssen überfälligen Aufträgen wohl oder übel selbst nachgehen. Die meisten nutzen hierfür die Wiedervorlage- und Erinnerungsfunktionen des E-Mail-Systems.

Einige E-Mail-Systeme – z. B. Outlook/Exchange – ermöglichen es Führungskräften sogar, Aufgaben anstelle von E-Mails zu versenden. Die Führungskräfte können sich in diesem Fall automatisch den aktuellen Erledigungsstatus anzeigen lassen. Damit dies richtig funktioniert, müssen mit den Mitarbeitern aber einige Vereinbarungen getroffen werden. Außerdem muss diese Technologie sehr sorgfältig eingeführt und genutzt werden. Andernfalls fühlen sich die Mitarbeiter schnell „Big-Brother"-mäßig überwacht.

Loben Sie richtig

Ein Lob per E-Mail ist eine feine Sache. Vor allem natürlich, wenn es von einem Vorgesetzten ausgesprochen wird und im Verteiler wichtige Leute stehen. Trotzdem sehen MbE-Manager Lob per E-Mail eher als Ergänzung an. Sie wissen, dass ein persönlich ausgesprochenes Lob wesentlich mehr Gewicht für den Empfänger hat als eine E-Mail. MbE-Manager zeichnen deshalb ihre Mitarbeiter in Gegenwart anderer mündlich für gute Leistungen aus – auch in den Fällen, in denen sie diese schon einmal vorab per E-Mail gelobt haben.

Füllen Sie Freiräume aus

Erinnern Sie sich noch an unseren Vergleich „Der Manager als Gärtner"? Darin haben wir geschrieben, dass die durch eine bessere E-Mail-Nutzung gewonnenen Freiräume aktiv genutzt werden müssen. Ansonsten füllen die Mitarbeiter die gewonnene Zeit wieder mit dem aus, was einfach und vertraut ist: mit einem „schnellen Blick ins E-Mail-System".

MbE-Manager achten darauf, dass dies nicht geschieht, durch folgende zwei Maßnahmen:

1. MbE-Manager „schneiden" weiterhin jeden Versuch der Mitarbeiter, E-Mail übermäßig zu nutzen, aktiv zurück.

2. Sie geben ihren Mitarbeitern zusätzliche herausfordernde Aufgaben. Idealerweise sind dies Aufgaben, für die das E-Mail-System wenig benötigt wird.

Es ist eine kontinuierliche Aufgabe, die nie völlig aufgegeben werden darf. Sonst wuchert E-Mail wieder in die produktive Arbeitszeit hinein.

Wann und wie Sie intervenieren müssen

In Ihrer „gärtnerischen Arbeit" müssen Sie regelmäßig „die Gartenschere ansetzen", um das E-Mail-Verhalten Ihrer Mitarbeiter in die gewünschte Form zu bringen.

Als Vorgesetzter können Sie Ihren Mitarbeitern vorschreiben, wie sie sich zu verhalten haben. Sie können also Macht einsetzen. Dies ist notwendig und für den ersten „Radikalschnitt" auch unverzichtbar.

Für kontinuierliche Korrekturen ist Macht aber weniger geeignet. Wer ständig auf seinem „*Hier bestimme ich*"-Status herumreitet, nutzt ihn schnell ab. Deshalb empfiehlt es sich für die kleineren Korrekturen eher, psychologische Interventionen zu verwenden.

Interventionen sind nichts anderes als kleine Aktionen, die die Zielperson dazu bewegen sollen, ihre Handlungen zu überdenken oder in einem anderen Licht zu betrachten. Interventionen sind keine großen Vorträge, sondern eher Nadelstiche oder „Schüsse vor den Bug." Sie werden meist mündlich gesetzt – sehr oft in Form offener Fragen. Aber auch richtig eingesetzte Körpersprache oder Mimik können die Zielperson dazu bringen, eingefahrene Gleise zu verlassen.

- **Intervenieren Sie sofort.** Interventionen wirken dann am besten, wenn sie unmittelbar nach dem beobachteten (falschen) Verhalten gesetzt werden. Warten Sie deshalb nicht auf einen späteren Zeitpunkt, um das „Thema auf den Tisch zu bringen“.

- **Je unmittelbarer desto besser.** Der Kommunikationskanal, über den eine Intervention gesetzt wird, beeinflusst die Wirkung deutlich.

  Angenommen, Sie wurden von einem Mitarbeiter auf „Cc“ gesetzt, obwohl Sie Ihren Mitarbeitern klar gesagt haben, dass Sie dies in einem solchen Fall nicht wünschen. Wenn Sie nun per Antwort-E-Mail reagieren, wirkt die Intervention am wenigsten. Greifen Sie zum Telefon, ist die Wirkung deutlich stärker. Am stärksten wirkt die Intervention, wenn Sie sofort das persönliche Gespräch suchen, den Mitarbeiter also zu sich kommen lassen oder ihn an seinem Arbeitsplatz aufsuchen.

- **Verschärfen Sie die Maßnahmen.** Viele MbE-Manager intervenieren beim ersten Vorfall per E-Mail. Kommt das Verhalten ein zweites Mal vor, rufen sie an. Und wenn der Mitarbeiter es immer noch nicht kapiert hat, muss er dem Manager bei der Intervention in die Augen schauen.

  Überlegen Sie sich, wie stark eine Intervention wirken soll, und greifen Sie dann in das richtige Fach Ihres Interventionskoffers.

Typische Interventionen

Im Folgenden beschreiben wir typische Situationen, in denen eine Managementintervention sinnvoll ist. Die beschriebenen Interventionen sollen Ihnen lediglich Ideen geben. Um Sie zum Nachdenken anzuregen, haben wir manche Interventionen etwas überzeichnet. Die Interventionen, die Sie bei Ihren Mitarbeitern setzen, müssen letztendlich zu Ihrem Führungsstil und zur Unternehmenskultur passen. Ihre Interventionen können also vollkommen anders aussehen als die skizzierten. Wichtig ist nicht so sehr wie, sondern dass Sie intervenieren.

Beispiel 1

Ein Mitarbeiter versendet während seiner arbeitsfreien Zeiten regelmäßig E-Mails.

Häufigste Gründe:

- Der Mitarbeiter will sich bei Ihnen als Arbeitstier profilieren.
- Der Mitarbeiter ist schlecht organisiert.
- Schiefe Work/Life-Balance. Flucht aus Privatleben oder ungesunder Fokus auf Beruf.

Intervention:

- Fragen Sie den Mitarbeiter, weshalb er es nicht schafft, seine Arbeit so zu organisieren, dass er sie innerhalb der Arbeitszeit erledigen kann.
- Stellen Sie klar, dass Sie leistungsfähige Mitarbeiter möchten. Wer sich nicht erholt, kann tagsüber weniger leisten. Sie sind nicht bereit, dies hinzunehmen.

- Machen Sie deutlich, dass bei Ihnen eine solche Praxis (entgegen landläufiger Meinung) nicht karrierefördernd ist.

Bemerkung:

- Bevor Sie intervenieren, sollten Sie sich darüber im Klaren sein, wie Sie auf den häufig vorgebrachten Einwand, das Arbeitspensum sei nur unter Einbeziehung der Freizeit zu schaffen, reagieren werden.

Beispiel 2

Ein Mitarbeiter beschwert sich per E-Mail über einen Kollegen, ohne den Betroffenen zu informieren.

Häufigste Gründe:

- Der Mitarbeiter versucht sich bei Ihnen zu profilieren.
- Der Mitarbeiter versucht „Spielchen" zu spielen.

Intervention:

- Lassen Sie sich nicht auf Spielchen ein: Leiten Sie solche E-Mails grundsätzlich an alle Beteiligten weiter (inklusive des Absenders). Schreiben Sie im Text: „Frau/Herr … beschwert sich. Meine Sekretärin wird einen Termin mit Ihnen vereinbaren, an dem wir die Sache besprechen." Machen Sie in dem Termin als Erstes klar, dass Sie solche E-Mails nicht schätzen und diese auch künftig grundsätzlich immer an die Betroffenen weiterleiten werden. Sagen Sie, wie Sie Konflikte künftig behandelt haben möchten.
- Dann erst wenden Sie sich dem aktuellen Problem zu.

Beispiel 3

Ein Mitarbeiter schiebt ständig Aufgaben, für die er eigentlich zuständig wäre, per E-Mail an Kollegen weiter.

Häufigste Gründe:

- Der Mitarbeiter will sich auf Kosten seiner Kollegen das Leben leicht machen.
- Dem Mitarbeiter fehlen Voraussetzungen für den Job.

Intervention:

- Fragen Sie: „Was können wir tun, damit Sie künftig die Aufgaben selbst erledigen können?“
- Fragen Sie: „Fühlen Sie sich fit genug, Ihren Job zu tun?“

Beispiel 4

Ein Mitarbeiter überspringt Hierarchien, indem er sich direkt an Sie als einen seiner oberen Chefs wendet, obwohl es für das Thema andere Ansprechpartner gibt.

Häufigste Gründe:

- Der Mitarbeiter versucht sich bei Ihnen zu profilieren.
- Der Mitarbeiter versucht „Spielchen“ zu spielen.

Intervention:

- Verweisen Sie den Mitarbeiter an den jeweiligen Vorgesetzten.
- Kopieren Sie den Vorgesetzten im Wiederholungsfall auf Ihre Antwort.

Beispiel 5

Ein direkter Mitarbeiter kopiert Sie auf E-Mails, obwohl deren Inhalte vollkommen in seiner Entscheidungskompetenz liegen.

Häufigste Gründe:

- Der Mitarbeiter versucht sich bei Ihnen zu profilieren.
- Der Mitarbeiter versucht, die Verantwortung auf Sie zu schieben.

Interventionen:

- Fragen Sie den Mitarbeiter, was Sie tun können, damit er sich künftig seine Entscheidungen zu treffen traut, ohne dass Sie an der Seitenlinie stehen müssen.
- Fragen Sie den Mitarbeiter, welchen Eindruck wohl die E-Mail-Empfänger bekommen, wenn sie sehen, dass er ständig seinen Chef auf „Cc" setzt.
- Stellen Sie klar, dass Sie diese Art von Kopien nicht möchten.

Beispiel 6

Ein Mitarbeiter schreibt ständig E-Mails in Situationen, für die das Medium nicht geeignet ist.

Häufigste Gründe:

- Der Mitarbeiter will sich in erster Linie das Leben einfach machen.
- Der Mitarbeiter kennt den Einsatzbereich von E-Mail nicht.

Intervention:

- Fragen Sie den Mitarbeiter, weshalb er glaubt, dass E-Mail für diesen Zweck das geeignete Kommunikationsmittel ist.

Beispiel 7

Ein Mitarbeiter will keinen Stellvertreter benennen.

Häufigste Gründe:

- Der Mitarbeiter hat Angst, dass der Stellvertreter private Post sieht.
- Der Mitarbeiter hat Angst, dass der Stellvertreter vertrauliche Post sieht.

Intervention:

- Fragen Sie den Mitarbeiter, was der Grund sei, dass nur SIE als sein Stellvertreter eingerichtet werden können.

Beispiel 8

Ein Mitarbeiter ruft an und fragt, ob Sie schon seine „dringende“ E-Mail gelesen haben. Dabei ist die definierte Latenzzeit noch nicht abgelaufen.

Häufigster Grund:

- Der Mitarbeiter setzt E-Mail für die falschen Sachverhalte ein.

Interventionen:

- Sagen Sie „Nein!“ (auch wenn Sie die E-Mail schon gesehen haben).
- Machen Sie klar, dass der Mitarbeiter Sie anderweitig kontaktieren muss, wenn etwas Dringendes ansteht.

Bemerkung:

- Ihre Mitarbeiter benötigen allerdings eine Möglichkeit, bei wirklich dringenden Angelegenheiten schnell Antworten zu bekommen. Dazu müssen geeignete Kommunikationspfade – direkt oder über das Sekretariat oder einen Stellvertreter – vorhanden sein. Sonst ist der Mitarbeiter bei Dringendem wirklich auf das (ungeeignete) Medium E-Mail angewiesen.

- Nicht zu verwechseln ist die oben genannte Situation mit solchen, bei denen per E-Mail Detailinformationen bereitgestellt werden. In diesem Fall erhält der Manager per Telefon / Voice-Mail / SMS / etc. die Nachricht: „Bitte sehen Sie sofort in Ihre E-Mail ...“

Beispiel 9

Ein Mitarbeiter sendet Ihnen eine dringende E-Mail, obwohl er Sie über die für Dringendes definierte Kommunikationsschiene hätte erreichen können.

Häufigste Gründe:

- Der Mitarbeiter kennt das Einsatzgebiet von E-Mail nicht.
- Der Mitarbeiter weiß, dass Sie – entgegen anderer Aussagen – E-Mails immer sofort lesen.
- Der Mitarbeiter will Sachverhalte vom Tisch haben – egal wie.

Intervention:

- Rufen Sie den Mitarbeiter sofort an und fragen Sie ihn zunächst, weshalb er für diese dringende Angelegenheit E-Mail nutzt. Sagen Sie ihm, wie Sie solche Fälle künftig behandelt haben möchten.
- Dann klären Sie den Sachverhalt gleich am Telefon.

Voraussetzung:

- Mitarbeiter müssen den „heißen Draht“ zu Ihnen kennen.

Beispiel 10

Ein Mitarbeiter stellt an mehrere Kollegen eine Frage, bei der es ausreicht, wenn er einen fragen würde.

Häufigste Gründe:

- Der Mitarbeiter kennt den jeweils Zuständigkeiten nicht.
- Der Mitarbeiter ist zu bequem, sich über die Zuständigkeiten Gedanken zu machen.
- Der Mitarbeiter hat schlechte Erfahrungen mit dem jeweils Zuständigen gemacht.

Intervention:

- Fragen Sie, was an diesem Fall so bedeutend sei, dass der Mitarbeiter die Zeit von mehreren Kollegen blockiere anstatt nur von einem.
- Sagen Sie dem Mitarbeiter, dass das die sicherste Methode sei, KEINE Antwort zu erhalten, da sich jeder Empfänger darauf verlasse, dass ein anderer antwortet.

Beispiel 11

Ein Mitarbeiter schreibt immer wieder E-Mails an Kollegen, die lediglich ein Zimmer weiter sitzen.

Häufigste Gründe:

- Der Mitarbeiter will sich in erster Linie das Leben einfach machen.
- Der Mitarbeiter will Vorgänge vom Tisch haben.

Intervention:

- Fragen Sie, was dagegen spricht, gelegentlich einfach mal ins nächste Zimmer zu gehen.
- Stellen Sie klar, dass Sie Wert darauf legen, dass sich Ihre Mitarbeiter auch regelmäßig von Angesicht zu Angesicht unterhalten.

Bemerkung:

- Diese Intervention sollte nur gesetzt werden, wenn ganz offensichtlich Gesprächen aus dem Weg gegangen wird – also beispielsweise, wenn es um relativ dringende Dinge geht. In vielen Fällen hat nämlich das asynchrone Medium E-Mail durchaus auch zwischen Nachbarzimmern seinen Sinn.

Beispiel 12

Ein Mitarbeiter liest während eines Meetings seine E-Mails am Notebook oder Smartphone.

Häufigste Gründe:

- Der Mitarbeiter glaubt, Multiprocessing betreiben zu können.
- Das Meeting ist uninteressant.

Intervention:

- Unterbrechen Sie das Meeting. Verschränken Sie die Arme und schauen abwartend auf den Mitarbeiter. Irgendwann wird er merken, dass etwas nicht in Ordnung ist. Schauen Sie dann noch einige Zeit abwartend auf ihn.
- Machen Sie klar, dass Sie erwarten, dass Ihre Mitarbeiter immer das zu hundert Prozent tun, was sie tun: „Wenn Sie in einem Meeting sind, erwarte ich, dass Sie vollständig anwesend sind. Und wenn Sie e-mailen, erwarte ich, dass Sie dies konzentriert tun."

Bemerkung:

- Wichtig: Halten Sie nur Meetings ab, die notwendig sind. Laden Sie jeweils nur Personen ein, die unentbehrlich sind. Entlassen Sie Personen aus dem Meeting, die für die restlichen Tagesordnungspunkte nicht nötig sind. Halten Sie Ihre Meetings kurz.

Beispiel 13

Ein Mitarbeiter schreibt regelmäßig E-Mails mit zu vielen Empfängern.

Häufigste Gründe:

- Der Mitarbeiter will sich wichtigmachen.
- Der Mitarbeiter kennt die Zuständigkeiten nicht.
- Der Mitarbeiter glaubt an die „totale Information".

Intervention:

- Nehmen Sie eine aktuelle E-Mail mit großem Verteiler und lassen Sie sich vom Mitarbeiter für jeden Empfänger erklären, weshalb dieser Empfänger auf dem Verteiler stehen muss.
- Machen Sie dem Mitarbeiter klar, dass er durch zu große Verteiler nicht nur viele Kollegen unnötig von der Arbeit abhält, sondern für sich selbst auch viele *Cc*-E-Mails generiert.

Bemerkung:

- Mitarbeiter müssen die Sicherheit haben, dass ihnen nichts geschieht, wenn sie einmal einen Empfänger in einem Verteiler vergessen.

Beispiel 14

Ein Mitarbeiter leitet Informationen unkommentiert an Sie weiter (bzw. nur mit „Zu Ihrer Info").

Häufigste Gründe:

- Der Mitarbeiter will sich die Arbeit auf Ihre Kosten erleichtern.
- Der Mitarbeiter möchte nicht zugeben, dass er die E-Mail zur Absicherung schreibt.

Intervention:

- Fragen Sie den betreffenden Mitarbeiter: „Weshalb erhalte ich diese E-Mail? Welche Passage ist für mich relevant? Was wird von mir erwartet? Bis wann? Etc."

Bemerkung:

- Mitarbeiter müssen lernen, ihre Anforderungen genau zu formulieren. Ferner sollen sie merken, dass sie nicht ohne Weiteres Arbeit abschieben können.

Beispiel 15

Einem Mitarbeiter wird vorgeworfen, er habe zu spät auf eine E-Mail reagiert. Dabei war die von Ihnen definierte Latenzzeit noch nicht abgelaufen.

Häufigste Gründe:

- Ein Absender erwartet innerhalb von Stunden – wenn nicht sogar Minuten – eine Antwort auf seine E-Mail.
- Der Absender hat E-Mail für Dringendes verwendet.

Interventionen:

- Stellen Sie sich hinter den Mitarbeiter. Er hat absolut korrekt gehandelt.
- Fragen Sie den Beschwerdeführer, weshalb er E-Mail nutzt, wenn ihm die Angelegenheit derart dringend ist.
- Fordern Sie den Beschwerdeführer auf, bei dringenden Angelegenheiten künftig den persönlichen Kontakt (direkt, am Telefon, per Instant Messaging) zu suchen.

Zusammenfassung Teil 2

Damit haben wir nun auch den Abschnitt „Mitarbeiterführung“ abgeschlossen.

Zur Erinnerung noch einmal die wichtigsten Punkte:

- **Die bestehenden E-Mail-Bearbeitungsroutinen der Mitarbeiter sind ungeeignet.** Der größte Teil dieser Bearbeitungsroutinen wurde von den Mitarbeitern in Zeiten entwickelt, in der nur wenige E-Mails empfangen wurden. Auch hatten sie nie das Optimum für das Unternehmen, sondern die Bedürfnisse des einzelnen Mitarbeiters zum Ziel. In Zeiten der E-Mail-Flut liefern die alten Routinen schlechte Resultate – für das Unternehmen und für jeden einzelnen Mitarbeiter.

- **Als Führungskraft müssen Sie sich in die E-Mail-Bearbeitungspraxis Ihrer Mitarbeiter einmischen.** Dies ist für die mittel- und langfristige Wettbewerbsfähigkeit des Unternehmens unerlässlich. Aber auch die Fürsorgepflicht gebietet Ihnen, potentiellen Schaden von Ihren Mitarbeitern fern zu halten.

- **Ihr Vorbild ist entscheidend.** Sobald Sie Ihr E-Mail-Verhalten professionalisieren, wird dies auch Ihre Mitarbeiter beeinflussen. Um allerdings das gesamte, in der Mitarbeiterkommunikation steckende Potential langfristig auszuschöpfen, müssen Sie ständig intervenieren. Sonst reißen die alten Verhaltensmuster wieder ein.

- **Positionieren Sie E-Mail richtig.** Ihre Mitarbeiter müssen wissen, dass E-Mail ein Mittel zum Zweck und kein Selbstzweck ist. Sie müssen ferner wissen, wofür sie E-Mail nutzen sollten – und wofür nicht.

- **Geben Sie Rahmenbedingungen für die E-Mail-Bearbeitung vor.** Dies betrifft besonders die Latenzzeit – das ist die Zeit, innerhalb der ein Mitarbeiter seine E-Mails lesen muss. Weitere wichtige Rahmenbedingungen sind Vorgaben für typische Reaktionen und die Erlaubnis, bestimmte E-Mails ungelesen zu löschen.

- **Stellen Sie geeignete Werkzeuge zur Verfügung.** Mitarbeiter verbringen täglich mehrere Stunden mit E-Mail. Mit entsprechenden Geräten und leistungsfähiger Software kann diese Zeit reduziert werden. Vor allem der E-Mail-Client sollte auf die Anforderungen der Mitarbeiter zugeschnitten sein.

- **Investieren Sie in Fähigkeiten.** Lassen Sie Ihren Mitarbeitern jene Fähigkeiten vermitteln, die ihnen erlauben, E-Mail schneller oder besser zu bearbeiten. Unverzichtbar sind die Wissensgebiete „Best Practices für die professionelle E-Mail-Nutzung“ sowie „Powerfunktionen des E-Mail-Clients“. Es kann aber auch durchaus sinnvoll sein, das Zehnfingerschreiben, Schnelllesen und das professionelle Schreiben zu trainieren.

- **Machen Sie Ihren Job!** Indem Sie in Ihrem Verantwortungsbereich Ihre Aufgabe als Manager richtig erledigen, vermeiden Sie von vornherein eine Flut von E-Mails. Definieren Sie in Ihrem Verantwortungsbereich also klare Zuständigkeiten, wählen Sie geeignete Stelleninhaber aus und statten Sie diese mit allen notwendigen Werkzeugen und Kompetenzen aus.

- **Organisieren Sie die E-Mail-Bearbeitung.** Geben Sie den Mitarbeitern genügend Zeit, um ihre E-Mails zu bearbeiten. Jeder Mitarbeiter muss ferner einen Stellvertreter haben – zum Wohle des Unternehmens, aber auch zum Wohle des Mitarbeiters. Wenn die private Nutzung des E-Mail-Systems verboten ist, kann eine Stellvertreterregelung einfacher implementiert werden.

- **Bürden Sie Ihren Mitarbeitern nicht unnötige E-Mail-Last auf.** Das, was bei Ihnen innerhalb von Sekunden getippt ist, kann beim Empfänger viele Stunden Arbeit erzeugen. Senden Sie wirklich nur E-Mails, wenn dies notwendig ist und E-Mail hierfür auch am besten geeignet ist. In allen anderen Fällen wählen Sie einen besser geeigneten Kommunikationskanal. Oder lassen Sie die Aktion einfach bleiben.
- **Halten Sie Ihren Mitarbeitern den Rücken frei.** Wer alle Informationen gleich an seine Mitarbeiter weiterleitet, denkt in erster Linie an sich und nicht an seine Mitarbeiter. Ein MbE-Manager stellt sich als eine Art Schutzschild vor seine Mitarbeiter: Er filtert unnötige Informationen rigoros heraus und sucht für den Rest den bestmöglichen Verteilungsmechanismus. Nur für einen Teil der Eingangs-E-Mails ist dies dann eine Ausgangs-E-Mail.
- **Stellen Sie den Menschen in den Mittelpunkt.** Menschen sind für Sie als Manager die wichtigste Ressource. Machen Sie dies in Ihrem Verhalten und in Ihren E-Mails deutlich. Seien Sie den Menschen und nicht Maschinen zugewandt – und appellieren Sie in Ihren E-Mails ganz bewusst an die Beziehungsebene. Denken Sie auch daran, was Sie in den Köpfen Ihrer Mitarbeiter bewirken, wenn Sie per E-Mail über deren Zuständigkeiten hinweg direkt auf einzelne Mitarbeiter zugreifen.

- **Delegieren Sie richtig.** Dort wo Sie E-Mail nutzen, um Aufgaben zu verteilen, sollten die E-Mails ein Muster an Klarheit und Vollständigkeit sein. Jede E-Mail sollte nur einen Auftrag enthalten – sowie alles, was der Mitarbeiter braucht, um seinen Auftrag ohne weitere Rückfragen ausführen zu können.

- **Verfolgen Sie E-Mail-Aufträge.** Es untergräbt Ihre Autorität, wenn Sie Aufgaben, die Sie vergeben, nicht richtig nachverfolgen.

- **Intervenieren Sie bei Abweichungen.** Wenn Mitarbeiter sich nicht an die vorgegebenen Regeln halten, müssen Sie umgehend reagieren. Erste Interventionen können per E-Mail gesetzt werden. Andere Formen der Intervention sind aber wirkungsvoller.

- **Füllen Sie die frei gewordenen Zeiten.** Viele Mitarbeiter kommen nicht damit zurecht, dass ihnen plötzlich Zeit und Energie übrig bleiben. Geben Sie Ihren Mitarbeitern Aufgaben, damit sie nicht zum alten E-Mail-Verhalten zurückkehren.

Fazit

Management-by-E-Mail ist keine Geheimwissenschaft. Jene Manager, die MbE schon seit vielen Jahren anwenden, haben lediglich die Prinzipien guten Managements in das E-Mail-Umfeld übertragen.

Einige Dinge mussten MbE-Manager hierbei neu lernen oder anders bewerten, weil bei E-Mail unser natürlicher Kommunikationsinstinkt versagt. Auch einige handwerkliche Grundfertigkeiten werden benötigt. Doch das ist kein Hexenwerk.

Manager, die die E-Mail-Nutzung systematisch professionalisieren, können das E-Mail-Aufkommen deutlich reduzieren. Für die ihnen direkt unterstellten Mitarbeiter können sie das E-Mail-Volumen um bis zu 40 Prozent verringern. Für sich selbst und die ihnen direkt unterstellten Manager kann die Einsparung sogar bis zu 80 Prozent betragen. Wobei nicht die Zeitersparnis das wirklich Wesentliche ist. Entscheidend ist die starke Zunahme an Produktivität, denn die Manager sind energiegeladener und können sich auf das konzentrieren, was wirklich wichtig ist.

Jeder MbE-Manager wirkt im Unternehmen wie ein „Fackelträger". Seine Wirkung nimmt allerdings innerhalb der Hierarchie mit zunehmender Entfernung ab. Bereits zwei Ebenen unter ihm liegt die Wirkung nur noch bei einem Bruchteil dessen, was auf der ersten Ebene erzielt werden kann. Deshalb sollten Unternehmen jede Managementposition mit einem MbE-Manager besetzen, der „die Fackel hoch hält" und so zur „Erleuchtung" des ganzen Unternehmens beiträgt.

MbE für Ihr Unternehmen

MbE auf breiter Basis in einem Unternehmen einzuführen ist eine große Herausforderung. Das Management muss von den Vorteilen von MbE überzeugt und mit konkreten Arbeitswerkzeugen ausgestattet werden. Am besten geschieht dies durch eine professionelle Unterstützung. Genau das leistet SofTrust Consulting für nationale und internationale Unternehmen.

SofTrust Consulting vermittelt die MbE-Prinzipien im Rahmen spezieller Dienstleistungspakete:

- MbE für Unternehmen (Organisationsentwicklung)
- MbE für Führungskräfte (Seminare, Coaching)
- Zusammenarbeit mit der Assistenz (Workshops)
- MbE mit Outlook (Schulung)
- MbE mit Lotus Notes (Schulung)

Danksagung

Wir haben die erste Fassung des Manuskripts im Internet zur Diskussion gestellt. Zahlreiche Leser haben den Entwurf kommentiert und damit zur Verbesserung des endgültigen Textes beigetragen. Wir bedanken uns bei allen, die sich hierfür die Zeit genommen haben. Herzlichen Dank auch an Jutta Röhrig, Philipp Schaumann und Brigitte Zips, die auch dieses Buch mit ihren Anregungen verbessert haben.